있어빌리티

교양수업

역사 속 위대한 여성

역사 속 위대한 여성

나는 알고 너는 모르는 인문 교양 아카이브

사라 허먼 지음 | 엄성수 옮김

토트

수 세기 동안 남성 기록자는 여성을 교묘히 역사에서 배제했다. 그래서 이 책에서는 오로지 여성에 대한 사실과 이야기를 모아 그 불공평함을 상쇄하려 한다. 역사상 유례가 없고 믿기 힘든, 특이한 사실과 이야기로 가득한 여성의 일화를 접하면서 당신은 잠시도 긴장의 끈을 놓지 못할 것이다. 지난 2,000년간 여성에게 일어난 사건, 이상한 이야기, 다시는 일어나지 않을 법한 경이로운 일을 접하며 많은 걸 느끼고 배우게 될 것이다.

최초의 컴퓨터 프로그램에서 DNA 이중나선의 발견에 이르기까지, 또 세계 최초의 소설에서 전쟁을 촉발시킨 소설에 이르기까지, 여성의 업적과 발명과 예술 작품은 오랜 세월 동시대 다른 남성의 경우에 비해 가려져 있었다. 그러나 이 책은 다르다. 이 책에서는 전쟁터에서, 정부 최고위층에서, 그리고 혁명의 거리에서 사람들을 이끈 여성 리더를 찬미한다. 또한 영국 빅토리아 여왕, 러시아 예카테리나 대제, 잔 다르크, 부디카 등에 대해 질문을 던지며 여러 권력가에 대해 살펴본다. 국가를 지배하는 일이든 종교를 창시하는 일이든 로마 제국이나 나치 정권 또는 여성 혐오주의자를 향해 반기를 드는 일이든 그곳에는 늘 그 일에 뛰어들어 큰 족적을 남긴 여성이 있었다.

정치에서 쇼 비즈니스에 이르는 다양한 주제의 이야기로 이루어진 이 책은 다양한 모습으로 역사에 이름을 남긴 여성들에 대해 좀 더 알고 싶어 하는 사람이라면 꼭 읽어야 할 필독서다.

역사상 가장 뛰어나고 용감하고 잔인한 여성에 대해 이미 알고 있는 사람이라도 아직 알아야 할 이야기가 많다. 그러니 이 책을 집어든 건 정말 잘한 일이다. 책 속에 묻혀 있는 보물을 하나하나 캐면서 충격과 영감과 즐거움을 얻고 페미니스트로서의 자질 또한 더 높아지게 될 것이다. 그러니 이제 실험실 가운을 걸친 남성들, 페인트 붓을 휘두르는 남성들, 왕관을 쓰고 있는 남성들은 머릿속에서 지우고 깜짝 놀랄 만한 역사 속 여성의 세계를 향해 긴 여정을 떠날 준비를 하라.

차례

PIONEERS

선구자들

철의 여인 마거릿 대처가 소프트아이스크림을 개발했다고?

와이파이와 GPS, 비밀 무선통신이 모두 한 여배우의 발명품이라고?

최근까지만 해도 헤디 라마Hedy Lamarr는 결혼과 이혼을 6번이나 반복한 아름다운 여배우, 아카데미상에 노미네이트됐던 1940년대 영화 〈알지에Algiers〉와 〈삼손과 데릴라Sampson and Delilah〉의 주연 정도로만 알려져 있었다. 그런데 사실 그녀는 과학기술에 대한 기여로 우리 사회에 큰 영향을 미친 여배우다.

오스트리아의 절세미인

1934년 오스트리아 빈에서 태어난 헤디 라마는 군수품 제조업자 프리츠 맨들Fritz Mandl과의 불행한 결혼 생활을 피해 영국으로 넘어갔다. 그리고 런던에서 MGM 대표인 루이스 B. 메이어Louis B. Mayer를 만난 뒤 배우로서의 길을 걷기 위해 다시 미국 베벌리힐스로 넘어갔다. 라마는 워낙 아름다운 외모 덕에 영화사와 계약을 쉽게 맺었으나 영화사에서는 그녀에게 어울릴 만한 영화를 찾는 데 애를 먹었다. 라마가 영어를 잘 못하고 그녀의 이전 이미지(오른쪽 박스 내용 참조)가 워낙 강해 이미지 변신을 하기가 쉽지 않았던 것이다. 그러다 영화 〈알지에〉를 계기로 〈레이디 오브 더 트로픽스Lady of the Tropics〉, 〈붐 타운Boom Town〉, 〈컴 리브 위드 미Come Live with Me〉 같은 영화에서 주연을 맡았다.

실험실을 끌고 다닌 여배우

카메라 앞에 설 때는 자신의 미모가 가장 큰 관심사였는지 몰라도 영화 촬영이 없을 때면 라마는 주로 뇌를 쓰는 일에 집중했다. 그녀는 땜질을 아주 잘했고 늘 자기 집 연구실에서 뭔가를 고안해냈다. 그녀는 심지어 자신의 트레일러 안에 각종 장비를 갖추고 있어(잠시

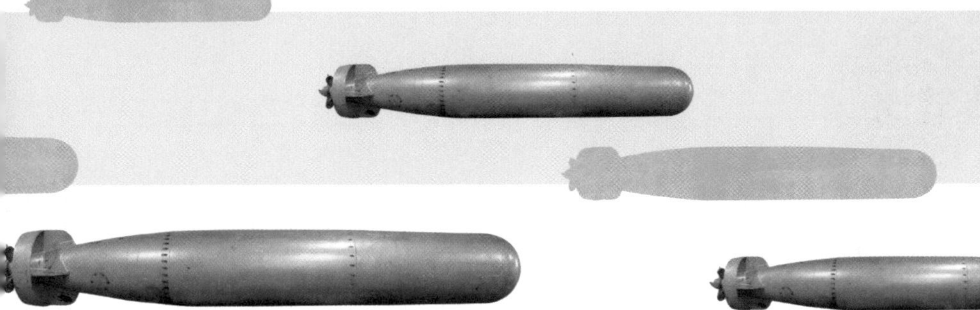

라마와 데이트를 했던 사업가 겸 엔지니어 하워드 휴즈Howard Hughes의 말에 따르면) 한가한 때 이런저런 실험을 하곤 했다. 휴즈는 그녀의 그런 취미를 높이 평가했으며 빠른 새와 물고기의 날개 및 지느러미 모양을 반영해 각이 진 그의 비행기 날개 디자인을 바꾸면 어떻겠냐는 라마의 조언을 받아들이기도 했다.

제2차 세계대전이 한창이던 1942년 라마는 작곡가 조지 앤타일George Antheil과 공동으로 '비밀통신 시스템' 특허를 받는다. 이것이 그녀의 첫 번째 남편 맨들의 작품 또는 그녀가 그의 사무실에서 본 청사진에서 영감을 받아 만든 거라는 얘기도 있지만 어쨌든 이는 라마의 가장 중요한 발명이다. 그러니까 두 사람은 어뢰가 적에게 적발되지 않고 표적을 향해 날아갈 수 있게 해주고 비밀 메시지가 적에게 가로채이는 걸 막아주는 일종의 암호화된 무선통신을 만들어낸 것이다. 연합군에게 더없이 큰 힘이 될 수 있는 기술이었다. 그러나 훗날 알게 된 사실이지만 이 기술은 훨씬 나중까지도 쓰이지 않다가 냉전 시대에 접어들어 쿠바 미사일 위기 사태 때 미 해군 함정에 의해 유용하게 쓰였다. 또한 라마와 앤타일의 이 특허는 와이파이와 GPS 위치 추적 등 오늘날 우리가 사용하는 다양한 무선 기술의 토대가 되었다.

오르가슴의 여왕

라마의 가장 큰 관심사는 과학이었는지 몰라도 정작 그녀가 사람들로부터 많은 관심을 끌게 된 건 1933년에 촬영된 유명한 실험 영화 〈엑스터시Ecstasy〉에서 그녀가 선보인 열정적인 연기였다. 체코의 구스타프 마차티Gustav Machatý 감독이 제작한 그 영화에서 라마(그 당시에는 자신의 본명인 헤드위그 키슬러Hedwig Kiesler라는 이름을 썼다)는 성 만족을 주지 못하는 남편을 떠나 정력적인 새 남자를 만나는 젊은 신부 역을 맡았다. 한 장면에서 라마는 거짓 오르가슴 연기를 했는데 그것이 현대 영화에 등장한 여성의 첫 거짓 오르가슴 연기로 간주된다. 이 영화는 교황으로부터 비난을 받았고 미국에서는 상영 금지됐다. 그러나 불법 상영까지 막지는 못해 라마는 배우 시절 내내 '엑스터시 여자' 이미지에서 벗어나지 못했다.

애니 런던데리가 자전거로 세계 일주를 한 이유는 무엇일까?

1896년 사회 개혁가이자 여성 권리 운동가인 수전 B. 앤서니는 이런 글을 썼다. "나는 자전거가 세상 그 무엇보다 여성 해방에 큰 역할을 했다고 생각한다." 한 여성이 자전거로 여성 해방 운동을 전혀 새로운 차원으로 끌어올린 직후에 한 말이다.

자전거 타고 세계 속으로

1894년 6월 26일 라트비아계 유대인 이민자이자 세 아이의 엄마인 애니 코헨 코프초프스키Annie Cohen Kopchovsky(후에 인지도를 높이기 위해 런던데리Londonderry로 바꾸었다)는 보스턴에 있는 매사추세츠주 의사당을 떠났다. 당시 그곳에는 500명 정도의 사람들이 모여 그녀가 세계 일주 모험을 떠나는 걸 지켜봤다. 애니는 긴 스커트를 입은 채 크고 묵직한 콜롬비아 자전거를 탔다. 작은 여행 가방과 회전식 연발 권총도 챙겼다. 그녀는 15개월 안에 여행을 마치고 돌아와야 했고 여행 내내 각국 영사관에서 날짜를 체크하기로 했다.

큰 내기가 걸린 자전거 여행

15개월이라는 기한은 애니가 15개월 내에 자전거 세계 일주를 하지 못할 거라는 데 1만 달러를 건 보스턴 두 신사의 내기 때문이었다. 이런 모험에는 으레 후원도 필요하지만 내기 때문에 큰 관심을 끌기도 했다. 그러나 애니는 오로지 명성과 모험을 위해 도전에 나섰던 걸로 보인다. (그녀는 기량이 뛰어난 자전거 선수도 여행가도 아니었다.) 여성이 아직 무능력하고 허약하다고 여겨지던 시대에 '성 대결' 스타일의 이 모험은 대중의 상상력을 자극한 것 같다.

출발 이후 애니는 시카고로 우회해 무거운 여성용 자전거를 약 9.5킬로그램짜리 남성용 스털링 자전거로 바꾸고 남성용 사이클복으

로 갈아입은 뒤 뉴욕으로 가 배를 타고 프랑스 르아브르로 갔다. 북아프리카를 거치고 아라비아반도를 거쳐 남아시아와 동아시아까지 갔으며 필요한 경우 증기선을 이용했다. 애니가 자전거로 달린 전체 거리는 알려진 바 없으나 적어도 1만 1,265킬로미터는 안장에 앉아 있었던 걸로 믿어진다. 샌프란시스코에 입항한 뒤 애니는 다시 미국을 가로질러 되돌아왔으며 예정보다 14일 빠른 1895년 9월 12일 시카고에 도착했다.

한동안 뜨거운 화제를 몰고 다니던 애니 런던데리는 뉴욕으로 이사를 가 〈뉴욕 월드New York World〉지에 잠시 칼럼을 연재했으며 네 번째 아이를 출산한 뒤 다시 19세기의 아내와 엄마다운 비교적 평온한 삶을 살았다.

브랜드가 된 이름

만일 역사책에서 애니 코헨 코프초프스키를 찾는다면 아마 아무것도 안 나올 것이다. 그녀가 여행에 필요한 자금을 마련하기 위해 이름을 애니 런던데리로 바꿨기 때문이다. 런던데리 리시아 스프링 워터 컴퍼니라는 회사가 여행 기간 중 이름을 바꾸는 대가로 100달러를 지불하기로 했던 것인데 그녀의 돈벌이는 거기에서 그치지 않았다. 애니는 인지도를 높이기 위해 온갖 이야기를 지어내고 과장했으며 여행 도중 유료 강연도 했고 공개 석상에 모습을 드러내기도 했다. 그녀는 자신이 고아며 부유한 상속녀이자 발명가라 했으며 죽을 뻔한 이야기, 왕족을 만난 이야기, 벵골 호랑이를 직접 만져본 이야기 등을 들려주었다. 애니는 또 광고 지면을 활용해 자신의 옷과 자전거도 팔았다. 옷의 왼쪽 가슴 주머니에 묻은 얼룩도 100달러에 판 걸로 알려져 있다.

맨 처음 우주에 간 여성은 누구일까?

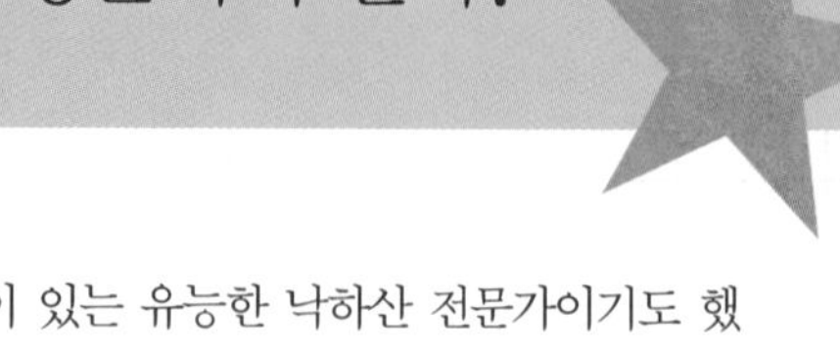

미국이 1983년 샐리 라이드Sally Ride를 우주에 보내기 20년 전에 소련은 이미 우주 계획에 따라 5명의 여성을 우주비행사로 만드는 훈련을 했다. 그러나 그중 한 여성만이 보스토크 6호에 승선하게 되는데 그녀가 지구를 떠나 지구 궤도 안으로 들어간 최초의 여성이다. 그녀의 이름은 발렌티나 테레시코바Valentina Tereshkova다.

최초의 여성 우주인을 위한 경쟁

미국과 소련 간의 우주 개발 경쟁은 결국 기술력 경쟁으로 더없이 좋은 선전 수단이기도 했다. 소련이 최초의 인간(1961년 유리 가가린Yuri Gagarin)을 우주로 보낸 뒤, 미국은 여성을 보내려 한다는 소문이 돌았다. 그래서 경쟁에서 미국을 이기기 위해 소련은 여성 비행사와 낙하산 전문가를 모집했는데 소련우주센터로 편지를 보내 자원한 테레시코바도 거기에 포함됐다. 그녀는 초라한 집안 출신으로 가족은 집단농장에서 일했고 그녀의 아버지는 제2차 세계대전에 참전했었다. 그녀 자신은 직물 공장에서 일했고 공부를 계속하고 싶어 통신교육을 듣고 있었다. 테레시코바는 126회 점프 기록이 있는 유능한 낙하산 전문가이기도 했다. (당시의 우주비행사는 착륙 직전 우주선 캡슐에서 낙하산을 타고 내려와야 해 점프 능력이 꼭 필요했다.) 그녀는 400여 명의 지원자를 물리치고 다른 네 여성과 함께 모스크바주 스타시티로 가서 훈련을 시작했다.

지금의 우주인보다 더 혹독한 훈련

여성 훈련생도 남성 훈련생과 똑같이 강도 높은 훈련을 받았다. 그들은 오늘날의 우주비행사보다 훨씬 더 혹독한 관성력 원심분리기 훈련을 견뎌내야 했고 뜨거운 열실 안에서 극한

우주인 부모를 둔 아이

다시 육지에 발을 디딘 테레시코바는 주코프스키 공군 엔지니어링 아카데미를 졸업한 뒤 시험비행 조종사 겸 교관이 되었다. 1976년에는 기술과학 분야 박사 학위를 받았다. 그리고 우주비행 직후에 동료 우주비행사인 안드리안 니콜라예프Andriyan Nikolayev(우주여행에 나선 세 번째 러시아인)와 결혼했다. 결혼 직후 태어난 딸 엘레나Elena는 우주에 갔다 온 부모에게서 태어난 첫 번째 아이로 기록됐다. 엘레나는 어릴 때부터 의학에 관심이 많았으며 나중에 의사가 되었다.

의 열기를 견뎌야 했으며 무중력 비행 및 낙하산 점프 훈련, 격리 테스트 등도 거쳐야 했다. 훈련을 마친 여성은 소련 공군 중위로 임관됐다.

갈매기, 우주로 날아오르다

1963년 테레시코바는 2가지 우주 임무를 위해 훈련 대상으로 선정됐고 그녀의 무선 호출명은 '차이카(갈매기를 뜻하는 러시아어)'였다. 그녀는 보스토크 6호를, 남성 우주비행사인 발레리 비코프스키Valery Bykovsky는 보스토크 5호를 조종하게 되었다. 두 우주비행사는 서로 다른 궤도를 비행해 우주 공간에서 서로 지나치며 통신을 교환했다. 미션은 성공리에 끝났다. 6월 16일 지상에서 쏘아 올려진 뒤 테레시코바는 우주 공간에서 70시간 41분(그때까지 미국 우주비행사 전원의 우주비행 시간을 합친 것보다 더 많은 시간이었다)을 보냈으며 지구 궤도를 48차례 돈 뒤 낙하산을 타고 카자흐스탄의 카라간다 근처에 내려앉았다. 그게 그녀의 처음이자 마지막 우주비행이었다. 지구 재진입 과정에서 러시아 승무원 전원이 사망한 1979년의 소유즈 11호 재앙을 비롯한 일련의 비극적인 사건 이후, 여성 우주비행사 프로젝트가 중단되었기 때문이다. 그 이후 1982년 스베틀라나 사비츠카야Svetlana Savitskaya가 살류트 7 우주정거장 미션에 참여하면서 여성 우주인 프로젝트가 재개되었다.

자기 이름의 패션 브랜드까지 만든 비행사는 누구일까?

아멜리아 에어하트Amelia Earhart는 페미니스트 아이콘이요 모험가요 선구적인 비행사로 불리지만 그녀가 잠시 패션 쪽에도 발을 디뎠다는 건 잘 알려지지 않았다.

하늘을 향한 끝없는 도전

보통선거와 성차별 금지법으로 인해 많은 서구 여성에게 기회의 문이 열리기 시작한 20세기 초, 항공계는 기술과 용기와 돈을 가진 여성에게 무한한 자유를 안겨주는 분야였다. 아멜리아 에어하트는 연이어 기록을 갱신한 선구자다. 우선 대서양 횡단 비행에 성공한, 그것도 단독 비행으로 성공한 최초의 여성이다. 그녀는 1937년 적도를 따라 세계 일주 비행에 도전했다. 두 번째 시도였다. 에어하트는 항법사 프레드 누넌Fred Noonan과 함께 브라질, 다카르, 하르툼, 방콕, 다윈을 지나 파푸아뉴기니의 라에까지 비행했다. 7월 2일 두 사람은 라에를 떠나 태평양에 있는 작은 섬 하울랜드로 향했는데 끝내 목적지에 도달하지 못했다. 비행기가 남태평양 어디에선가 실종되어 끝내 발견되지 않은 것이다.

또 다른 활주로

비행에 필요한 자금을 모으는 일을 하면서 에어하트는 프로모션 투어와 기업 홍보에 익숙해져 갔다. 그녀는 볼티모어 러기지 컴퍼니Baltimore Luggage Company에 자신의 이름을 빌려줬으며 담배와 초콜릿 광고에도 이름을 빌려줬다. 1933년 말 엄선된 미국 내 30개 백화점에서 아멜리아 에어하트 패션이 출시됐다. 유명 인사의 이름을 딴 최초의 패션 브랜드다. 숙녀복 컬렉션은 25종의 옷으로 이루어져 따로따로 구입할 수도

있고 아이템과 사이즈를 서로 섞어 구입할 수도 있었는데, 이는 매우 혁신적인 방식이었다. 이 브랜드는 한발 앞서가는 패셔너블한 디자인, 주로 활동적인 여성을 위한 옷을 선보였다. 에어하트는 옷에 아웃도어적인 느낌을 주기 위해 낙하산 실크와 비행기 날개 직물을 사용했다. 또한 옷에는 프로펠러 모양의 단추가 달려 있었고 라벨에는 에어하트의 사인과 이륙 중인 빨간 비행기가 들어 있었다. 가격도 꽤 합리적이었지만(에어하트는 이 디자인을 〈우먼스 홈 컴패니언Woman's Home Companion〉 잡지를 통해 기성복 버전이 맞지 않는 사람들에게도 팔았다) 이 브랜드는 한 시즌 후에 사라졌다.

높이 난 사람들

아멜리아 에어하트는 20세기 초 가장 유명한 여성 비행사였지만 그녀 외에도 하늘을 나는 일로 생활을 하고 명성까지 얻은 여성이 많다. 그중 몇 명을 소개하자면 다음과 같다.

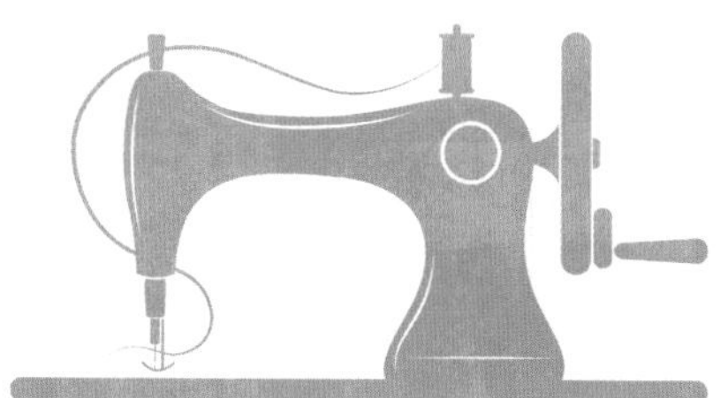

한나 라이치 Hanna Reitsch : 독일 제3제국의 유명한 조종사 중 한 사람으로 제2차 세계대전 당시 독일 공군 '루프트바페Luftwaffe'의 시험 비행 조종사였다. 그녀는 또 헬리콥터를 조종한 최초의 여성이자 글라이더를 몰고 알프스 산맥을 넘은 최초의 여성이다.

모드 보니 Maude Bonney : 호주의 비행사 보니는 비행기를 타고 호주 본토를 일주한 최초의 여성이었고, 호주에서 영국까지 단독 비행에 성공한 최초의 여성이다.

재클린 코크런 Jacqueline Cochran : 비행 속도, 비행 고도, 비행 거리 면에서 남녀를 통틀어 다른 어떤 조종사보다 많은 기록을 세운 미국 조종사로 1953년 음속 장벽을 돌파한 최초의 여성이다.

베시 콜먼 Bessie Coleman : 최초의 아프리카계 미국인 여성 비행사 콜먼은 1921년 미국의 인종차별을 피해 프랑스로 건너가 조종사 자격증을 획득했다. 그녀는 인기 있는 전시 비행사exhibition flyer로 미국 전역에서 에어쇼에 참여했다.

제인 프랭클린은 어떻게 캐나다 북극 지방을 발견했을까?

런던에서 태어난 제인 그리핀Jane Griffin은 1828년 37세 나이로 존 프랭클린John Franklin과 결혼했다. 그녀는 빅토리아 여왕 시대의 기준에선 여행을 꽤 많이 한 사람이었다. 상인의 딸인 제인은 거의 유럽 전역을 여행했다. 그러다 남편이 북서 항로를 찾다가 행방불명되면서 그녀는 자신도 모르는 새에 극지 탐험의 선구자가 되었다.

미지의 세계를 향해

제인과 결혼하기 전에 이미 북극을 두 차례 간 적이 있던 존 프랭클린은 1845년 캐나다 북극 지방을 관통하는 루트를 찾아 배 두 척과 승무원 129명을 이끌고 원정길에 올랐다. 유럽과 아시아를 잇는 보다 빠른 무역로를 찾기 위해서다. 그런데 프랭클린이 돌아올 때가 지났는데도 3년 넘게 아무 소식이 없자 영국 정부는 수색대를 보냈다. 그러나 수색이 아무 성과를 거두지 못하자 그들을 찾으려는 노력은 곧 시들해졌다. 영국 수상과 미국 대통령에게 지속적인 수색을 호소하던 제인은 결국 자신이 직접 자금을 마련해 1850년부터 1857년까지 5차례 진상 조사를 위한 수색에 나섰다.

북극으로부터 들려온 소식

프랭클린 부인의 수색대에 합류한 탐험가는 많은 발견을 했다. 그린란드 서쪽 해안을 조사하면서 알려지지 않았던 새로운 식물에 대한 기록을 했으며 북서 항로를 찾아내는 쾌거도 이룬다. 1859년, 마침내 프랜시스 레오폴드 매클린톡Francis Leopold McClintock이 폭스Fox 호를 타고 돌아와 프랭클린이 돌 더미 아래 묻혀 있는 걸 발견했다는 메시지를 전했다. 알고 보니 프랭클린은 탐험대가 런던에서 출발한 지 1년도 안 돼 세상을 떠났다. 남편을 찾겠다는 제인 프랭클린의 결의와 열정은 북극에 대한 우리의 지식에 새로운 지평을 열어주었다. 2014년과 2016년에 존 프랭클린의 배 두 척이 발견되면서 160년에 걸친 수색 작업은 종료됐다.

80일간의 세계 일주를 제압한 넬리 블라이는 누구일까?

넬리 블라이Nellie Bly라는 필명으로 더 잘 알려진 엘리자베스 제인 코크런Elizabeth Jane Cochran은 진실을 밝히기 위해 자신이 직접 이야기의 중심으로 들어간 미국 최초의 탐사 전문 저널리스트다.

불붙은 세계 여행 경쟁

블라이의 가장 유명한 모험은 1873년 출간된 쥘 베른Jules Verne의 소설 『80일간의 세계 일주Around the World in Eighty Days』를 읽은 뒤 시작됐다. 주인공 필리아스 포그의 세계 일주 여정을 다룬 이 초대형 베스트셀러를 읽은 블라이는 직접 세계 일주에 나서 75일 만에 끝냈다. 단 한 벌의 드레스 여유분도 없이 가벼운 차림으로 여행길에 올라 유럽으로 그다음에는 이집트, 싱가포르, 홍콩으로 그리고 다시 샌프란시스코를 통해 귀국하는 모험을 한 것이다. 그녀는 심지어 그 와중에 잠시 프랑스 아미앵으로 가 쥘 베른을 만나기까지 했다. 블라이는 1890년 1월 25일 뉴저지로 돌아옴으로써 세계 일주를 계획보다 3일 일찍 끝냈다. 한편 블라이도 모르는 새에 패션 잡지 〈코스모폴리탄Cosmopolitan〉에 근무하던 라이벌 저널리스트 엘리자베스 비스랜드Elizabeth Bisland가 블라이와 반대 방향으로 세계 일주 여행에 나서 그녀를 상대로 경쟁을 벌였다. 비스랜드는 블라이보다 4일 반 더 걸렸다.

정신병원에서 보낸 10일

〈피츠버그 디스패치Pittsburgh Dispatch〉지의 칼럼니스트로 저널리즘 분야에 발을 디딘 넬리 블라이는 뉴욕으로 이주해 다짜고짜 〈뉴욕 월드〉지 사무실을 찾아갔다. 그녀는 이민자의 경험에 대한 탐사 기사를 쓰고 싶어 했지만 그 잡지 편집자는 그보다는 뉴욕에서 가장 악명 높은 정신병원에 대한 탐사 기사를 쓰면 어떻겠냐고 제안했다. 결국 정면 돌파하기로 마음먹은 블라이는 자진해서 블랙웰스 아일랜드에 있는 여성 정신병원에 들어간다. 블라이가 정신병원에서 보낸 10일간의 이야기는 6회에 걸쳐 연재되었으며 블라이는 전국적인 유명 인사로 떠오르게 된다.

밀짚모자가 어떻게 미국의 발명과 특허 역사를 바꾸었을까?

18세기에는 미국인 여성이 뭔가 위대한 발명을 했다 해도 그 발명을 지킬 방법이 없었다. 여성은 왜 자신의 발명을 지켜야 했을까? 많은 주에서 여성은 법적으로 아버지나 남편과 별도로 자신의 재산을 소유할 수 없었기 때문이다. 그러나 1790년에 제정된 특허법으로 인해 모든 게 바뀌었다.

특허 천재의 밀짚모자

코네티컷 출신인 메리 딕슨 키스Mary Dixon Kies는 미국 특허청으로부터 특허를 받은 최초의 여성이다. 그녀의 특허는 1809년 5월 15일 제임스 매디슨James Madison 대통령이 서명했다. 특허법에 따라 모든 사람이 자신의 고유한 방법과 디자인을 보호받을 수 있게 됐다. 딕슨 키스는 실크와 실로 밀짚을 짜 모자를 만드는 새로운 기술을 생각해냈는데 비용 대비 효능이 뛰어난 이 밀짚모자는 곧 패션 트렌드가 되었다.

딕슨 키스의 기술은 성장하는 미국 패션 업계에 활력을 불어넣었다. 당시 미국은 영국 제품의 수입을 금하고 있었다. 나폴레옹 전쟁 중 영국이 미국 선원을 강제 징용하고 해상 제품을 압수한 데 따른 반발이었다. 그 결과 정부는 미국 내 제조업 분야를 키우려 애쓰고 있었다. 대부분의 여성은 들판에 나가 일할 때 밀짚모자를 써야 했기 때문에 모자 제조업은 꼭 필요한 산업이었는데 특히 뉴잉글랜드 지역에서 모자 제조업이 번성했다. 영부인 돌리 매디슨Dolly Madison은 여성의 제조업 참여에 기여한 바 크다며 개인적으로 딕슨 키스에게 찬사를 보냈다.

발명가의 불운한 최후

그런데 불행히 특허법이 새로 제정되었음에도 딕슨 키스는 자신의 발명으로 부를 얻지는 못했다. 패션 트렌드는 곧 바뀌었고 그녀는 무일푼 상태로 세상을 떠났다. 딕슨 키스의 마지막 안식처는 극빈층 묘지였다. 그러나 지금 그녀의 출생지에는 미국 최초로 특허를 따낸 여성에 어울릴 만한 기념물이 서 있다.

최초로 컴퓨터 프로그램을 만든 사람은 누구일까?

영국 케임브리지대학교 수학 교수인 찰스 배비지Charles Babbage가 1834년 최초의 범용 컴퓨터를 고안해냈다. 그러나 그 기계의 능력을 잘 알고 최초의 컴퓨터 프로그램을 만든 사람은 다른 사람이다.

분석력이 뛰어난 에이다

배비지 교수는 1833년 당시 10대였던 에이다 러브레이스Ada Lovelace(결혼 전 성은 바이런Byron으로 유명한 낭만파 시인 조지 바이런 경Lord George Byron의 딸)를 처음 만났다. 러브레이스는 과학과 수학에 비상한 관심을 보였고 두 사람은 이후 몇 년간 서신을 주고받았다. 1842년 배비지는 이탈리아 토리노대학교에서 천공 카드를 이용해 입출력을 하는 '해석 기관Analytical Engine'이라는 자신의 이론상 발명품에 대한 강연회를 열었다. 당시 이탈리아 수학자 루이지 메나브레아Luigi Menabrea가 쓴 이 기계에 대한 프랑스어 논문이 있었는데 배비지는 20대였던 러브레이스에게 논문 번역을 부탁했다. 러브레이스는 개인적인 주석까지 붙여 멋진 번역본을 완성했다. 그렇게 해서 1843년 출간된 그 논문의 영어 버전은 그녀의 자세한 설명까지 곁들여져 원래 논문의 3배나 되는 분량이었다. 이는 러브레이스가 해석 기관이라는 기계와 그 작동 원리는 물론 베르누이 수라는 복잡한 수열을 계산해내는 획기적인 알고리즘을 얼마나 잘 알고 있었는지를 보여준다.

100년 전에 인공지능까지 예견

배비지는 실제로 해석 기관을 제작하진 않았으나 러브레이스는 자신의 논문에서 그 기계를 사용할 경우 복잡한 대수 계산을 빠른 속도로 해내고 수와 관련된 각종 발견을 하는 등 할 수 있는 일이 많다는 걸 보여주었다. 그녀는 심지어 인공지능에 대한 아이디어까지 언급했다. 그러니까 무려 100년 전에 이미 컴퓨터 기술의 미래를 내다본 것이다. 매년 10월이면 '에이다 러브레이스의 날Ada Lovelace Day' 행사가 열리는데 이는 과학, 기술, 공학, 수학(STEM) 등 이공계에 몸담고 있는 여성들의 국제적인 자축 행사다.

영화 〈바람과 함께 사라지다〉의 성공이 보이지 않는 유리 덕분이라고?

1940년 영화예술과학아카데미는 영화 〈바람과 함께 사라지다〉의 촬영을 맡은 어네스트 핼러Ernest Haller와 레이 레너헌Ray Rennahan에게 오스카 최우수 촬영상(컬러 부문)의 영광을 안겨주었다. 관객은 너무도 선명한 이 영화의 영상에 큰 감동을 받았다. 이 영화는 제너럴 일렉트릭 사 최초의 여성 연구 과학자였던 캐서린 블로젯Katharine Blodgett이 개발한 '보이지 않는 유리invisible glass' 렌즈로 촬영한 최초의 컬러 영화였다.

케임브리지 최초의 여성 물리학 박사

블로젯은 제너럴 일렉트릭GE에서 근무하던 변리사의 딸로 그녀의 아버지는 블로젯이 태어나기 몇 주 전에 강도에 의해 살해됐다. 10대 때 이미 과학자로서 타고난 재능을 보인 블로젯은 아버지의 회사 동료였던 물리화학자 어빙 랭뮤어Irving Langmuir의 보호를 받는다. 그의 격려 아래 부단히 노력하여 블로젯은 GE에 채용된 최초의 여성 과학자요 영국 케임브리지대학교에서 물리학 박사 학위를 취득한 최초의 여성이 된다.

블로젯은 랭뮤어의 연구 팀에 합류해 물질이 분자 차원에서 어떻게 서로 붙는지를 연구했고 물 표면에 분자 두께의 기름막과 기타 물질을 만들어냈다. 랭뮤어는 이 연구를 응용해

1932년 노벨 화학상을 수상했다. 블로젯은 연구를 계속해 유리판 양면에 현미경으로나 보이는 여러 겹의 기름막을 추가했다. 그렇게 해서 탄생한 이른바 '랭뮤어-블로젯 필름'은 거의 3,000개의 단일 분자층으로 이루어졌는데 이 필름은 유리 표면의 반사 현상을 제거해 훨씬 더 투명해 보였다.

보이지 않는 '유리 천장'을 깨부수다

1938년 블로젯은 '필름 구조 및 준비 방법'으로 발명 특허를 획득했다. GE 측에서는 이 제품을 처음 공개하면서 '보이지 않는 유리'라 불렀다. 이 유리는 카메라 렌즈와 영사기에 사용됐는데 곧 모든 렌즈에 사용됐으며 다른 여러 분야에서도 응용되었다. 제2차 세계대전 때는 비행기용 스파이 카메라와 잠수함 잠망경에도 사용됐다. 블로젯의 비반사 유리는 쓰이는 데가 아주 많아 지금도 컴퓨터 스크린, 현미경, 안경, 자동차 전면 유리 등에 쓰이고 있다.

여성의 직관이 발명으로

블로젯은 비행기 날개 제동장치 등 다른 7가지 발명 특허를 획득했는데 그렇다고 그녀가 멋진 아이디어를 현실화한 유일한 여성은 아니다. 다른 인상적인 여성 발명가 몇 명을 소개한다.

스테파니 퀄렉 Stephanie Kwolek : 미국 화학자로 1960년대에 저온에서의 긴 분자 사슬 상태를 연구해 강철보다 5배 강한 합성 물질인 케블라를 만들어냈다.

마리아 텔케스 Maria Telkes : 헝가리 태생의 물리화학자로 태양열 동력 방식의 열전기발전기를 개발해 한 건물(세계 최초의 태양열 집)의 난방 문제를 해결했다.

낸시 존슨 Nancy Johnson : 19세기의 아이스크림 팬은 미국인 가정주부 존슨에게 고마워해야 한다. 냉동고가 발명되기 전에 그녀가 손으로 돌리는 아이스크림 제조기를 고안해 냈기 때문이다.

마리아 비즐리 Maria Beasley : 만일 발명가 비즐리의 구명보트가 없었다면 특히 타이타닉 호가 침몰했을 때 더 많은 사람이 바다에서 목숨을 잃었을 것이다. 그녀의 구명보트는 이전 구명보트와는 달리 불에 타지 않고 가벼워 물에 띄우기도 더 쉬웠다.

에베레스트산에 오른 최초의 여성은 누구일까?

준코 다베이田部井 淳子는 1969년 일본 여성 등반 클럽에 가입했는데 그때 그녀의 최종 목표는 남성의 도움 없이 여성만으로 팀을 꾸려 에베레스트산을 오르는 것이었다. 하지만 당시만 해도 그녀는 전혀 몰랐다. 몇 년 후 자신이 에베레스트산 정상에 오른 36번째 사람이자 최초의 여성이 되리라는 것을 말이다.

산 곳곳에 도사린 성차별

성차별주의가 만연해 있던 그 시절 일본 여성은 주부가 되는 게 당연시됐다. 다베이의 남자 동료는 에베레스트산에 오르겠다는 그녀의 야심을 비웃었다. (에드먼드 힐러리 경Sir Edmund Hillary이 에베레스트산 정상에 처음 오른 건 1953년이다.) 남성 등반가는 키가 145센티미터밖에 안 되는 애 엄마와 함께 등반을 하려 하지 않았고 그게 그녀가 여성만으로 이루어진 등반 클럽을 만들게 된 계기가 됐다. 1970년 안나푸르나 3봉 등정에 성공한 뒤, 다베이와 동료 여성 등반가(총 15명)는 드디어 에베레스트산 등반 허가를 받았다. 그들에게 할당된 등반 시기는 1975년이었고 그들은 열심히 준비했다. 일본 여성 에베레스트산 등반대에는 교사, 컴퓨터 프로그래머, 변호사 그리고 당시 3세 딸이 있던 다베이를 포함해 2명의 엄마가 포함되어 있었다. 스폰서는 이들의 등반에 자금을 대는 일에 관심을 보이지 않았으며 여성만의 등반은 불가능한 일이라고 말했다. 어쨌든 이들은 결국 후원금을 마련했는데 그 상당 부분은 대원들이 직접 조달했다. 다베이의 경우 피아노 레슨비로 자기 할당량을 채웠다. 이들은 복장과 장비에 관한 한 원칙을 따르지 않았다. 자신이 쓸 침낭은 직접 만들었고 당이 많은 간식거리는 아이들의 학교 점심 때 나오는 잼을 모았으며 다베이의 경우 심지어 자동차 덮개로 방수 장갑을 만들기도 했다.

에베레스트산의 히로인

다베이는 에베레스트산 정상에 오른 첫 여성이지만 가장 어린 여성은 말라바스 푸르나Malavath Purna로 2014년 에베레스트산 정상에 올랐을 때 그녀의 나이는 겨우 13세 11개월이었다. 네팔 출신의 라크파 셰르파Lakpa Sherpa는 그 어떤 여성보다 많이 에베레스트산 정상에 올랐다. 라크파는 2018년에 아홉 번째 등반에 성공함으로써 자신의 기록을 갈아 치웠다.

세상 꼭대기에 오른 여성들

이들이 남동쪽 산등성이 루트를 타고 산에 오르기 시작한 건 1975년 봄이었다. 그러나 5월 4일, 해발 약 6,300미터 되는 지점에서 눈사태를 만나며 곤경에 빠졌다. 다베이와 다른 두 등반가가 텐트 속에 갇혀 거의 질식사 직전까지 갔다. 다행히 다베이가 자신의 주머니칼을 다른 등반가에게 넘겨 텐트를 찢었고 함께 갔던 셰르파들이 그들을 꺼내 주었다. 12일 후인 5월 16일 다베이는 드디어 정상에 올랐다. 셰르파 몇 명이 고산병에 걸려 고생하고 산소통도 모든 대원이 정상에 오를 만큼 충분치 않았다. 결국 팀 리더의 선택에 의해 다베이가 정상에 올랐는데 새로운 역사는 그렇게 쓰여졌다. 그로부터 2주도 안 돼 중국 원정대에 속해 있던 티베트 출신 판소그Phanthog가 두 번째로 에베레스트산 정상에 오른 여성, 그리고 험준한 북쪽 면North Face으로 오른 최초의 여성이 되었다. 다베이는 이후 1992년에 7대륙 최고봉(각 대륙에서 가장 높은 산 정상)을 전부 정복한 최초의 여성이 되었다.

모노폴리 게임은 누가 만들었을까?

대공황 시대에 엄청난 인기를 누렸던 파커 브라더스Parker Brothers 사의 보드게임 모노폴리Monopoly를 발명한 사람은 흔히 발명가 찰스 대로우Charles Darrow라고 알려져 있다. 전하는 이야기에 따르면 거의 빈털터리 신세나 다름없었던 그는 이 게임 아이디어 하나로 수백만 달러를 벌었다고 한다. 그러나 실제로 이 게임을 만든 사람은 워싱턴에서 활동했던 속기사 엘리자베스 매기Elizabeth Magie다.

매기의 모노폴리

모노폴리 게임이 장난감 가게 선반에 전시되기 수십 년 전인 1903년 매기는 '지주 게임The Landlord's Game'에 대한 특허를 냈다. 토지는 모든 사람의 소유여야 한다며 독점주의에 반대했던 정치인 헨리 조지Henry George의 이론을 토대로 만들어진 게임이다. 매기의 게임은 2가지 방법으로 할 수 있다. 반독점주의 버전에서는 부가 창출될 경우 모든 게임 참가자에게 보상이 주어졌으나 독점주의 버전에서는 경쟁자를 꺾고 부를 독점하는 게 목표였다. 당시에 나온 매기의 게임은 게임판을 빙 둘러 가며 길이 나 있었다. 그리고 '감옥에나 가라Go to Jail'라는 섬뜩한 말이 인쇄돼 있었다. 매기가 이 게임을 만든 의도는 사람들에게 반독점적인 접근 방식이 더 낫다는 걸 알려주는 것이지만 정작 더 많은 사랑을 받은 건 독점주의 버전이었다.

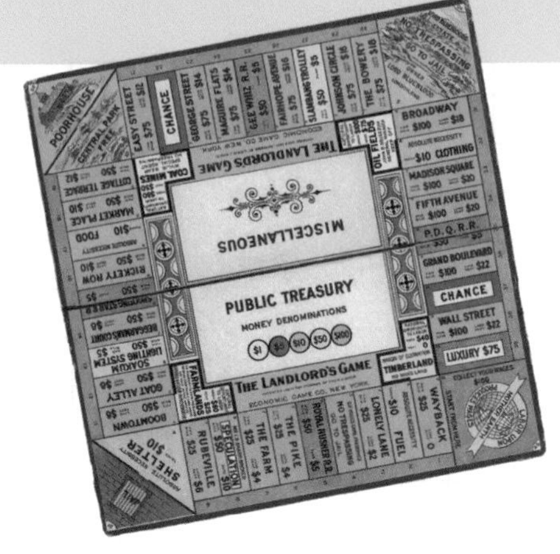

대로우의 모노폴리

매기의 게임은 특히 미국 북동부 지역에서 인기가 있었다. 애틀랜틱시티의 일부 퀘이커 교도는 자기 지역 지명과 가격까지 추가한 보드게임판을 썼다. 그들은 게임 규칙도 더 간단하게 만들었다. 이 게임이 바로 찰스 대로우가 파커 브라더스 사에 넘긴 그 게임이다. 그는 백만장자가 되었으나 매기는 단 500달러밖에 못 번 걸로 알려져 있으며 그녀의 이름 또한 거의 잊혀졌다.

선구자들

PIONEERS

모험에 목말라 있는가? 지식을 추구하고 싶은가?
최대한 집중력을 발휘해 선구자들과 관련된 퀴즈 문제를 풀어 보라.

Questions

1. 애니 코헨 코프초프스키는 왜 자신의 이름을 바꾸었는가?
2. 우주비행사 발렌티나 테레시코바의 호출 부호는 무엇인가?
3. 세계 최초의 태양열 집을 만든 것은 누구인가?
4. 메리 딕슨 키스가 특허를 낸 기술로 당신이 할 수 있는 일은 무엇인가?
5. 컴퓨터 프로그래밍으로 유명한 바이런 경의 딸은 누구인가?
6. 아멜리아 에어하트 패션은 어떤 혁신적인 변화를 통해 옷을 판매했는가?
7. 헤디 라마는 어떤 것으로 특허를 받았는가?
8. 엘리자베스 매기의 보드게임 제목은 무엇인가?
9. 넬리 블라이보다 며칠 늦게 세계 일주 여행을 끝낸 사람은 누구인가?
10. 준코 다베이는 무엇을 이용해 에베레스트산 등반에 필요한 방수 장갑을 만들었는가?

Answers

정답은 208페이지에서 확인하세요.

THINKERS

사상가들

아인슈타인의 수학 문제를 풀어준 여자 과학자는 누구일까?

100년이 지난 지금까지도 만지면 안 되는 위험한 노트란 무엇일까?

마리 퀴리Marie Curie는 자기 코트 주머니에 폴로늄 병을 넣어 다닌 걸로 알려져 있다. 책상 서랍 안에는 라듐을 보관했다. 그러니 당연히 그녀의 노트는 지금도 맨손으로 만지면 안 된다. 아마 앞으로 오랫동안 그럴 것이다.

방사능 연구

방대한 역사적 유물을 보고 싶어 파리 프랑스 국립도서관을 찾는 방문객은 특별한 전시실에 들어갈 때는 낡은 종이가 손상되는 걸 막기 위해 장갑 같은 걸 착용해야 한다. 그러나 피에르 퀴리와 마리 퀴리 부부의 각종 원고나 다른 소지품 컬렉션을 보고 싶은 방문객은 오히려 자기 자신을 보호하는 데 만전을 기해야 한다. 특수한 옷을 입어야 하고 책임을 묻지 않겠다는 문서에 서명도 해야 한다. 두 과학자의 노트와 각종 가구 및 요리책 등이 방사성원소 라듐 226에 오염되어 있기 때문이다. 그것은 심지어 만일의 경우에 대비해 납 상자에 담겨 있다. 라듐 226은 반감기가 1,601년이라 퀴리 부부가 손을 댄 지 100년도 더 지났지만 방사능 수치가 반으로 주는 데만 앞으로 1,000년은 더 있어야 한다.

호기심 많은 퀴리

마리 퀴리는 남편이자 연구 파트너인 피에르 퀴리와 함께 파리의 소르본대학교 화학물리부에서 우라늄에서 나오는 불가시 자

외선에 대한 연구를 하고 있었다. 그러다가 방사능이 훨씬 더 강한 새로운 두 화학원소 폴로늄(마리의 고국 폴란드Poland에서 이름을 따와 polonium이라 명명)과 라듐을 발견했다. 라듐 샘플을 분리해내기 위해 퀴리는 우라늄 추출 과정에서 생기는 산업폐기물 역청우라늄석을 대량 처리해야 했다. 이 물질을 갈고 용해하고 여과한 뒤 침전시켜야 수집 및 결정화가 일어난다. 이 모든 게 육체적으로 힘든 일이었는데 특히 퀴리 부부는 매일 다루던 방사성원소에 노출되어 방사능 질환을 앓고 있어서 더 그랬다. 두 사람은 방사능의 단기적 · 장기적 위험성에 대해 전혀 몰랐다. 당시에는 많은 사람들이 방사능에서 나오는 강력한 에너지가 몸에 좋다고 생각했고 많은 제조업체가 치약과 목욕용 염제와 음료수 용기 제작에 방사성광물을 썼다.

납과 함께 묻히다

의심할 여지없이 그런 노력은 보상을 받아 두 사람은 1903년 노벨 물리학상을 수상했다. 피에르는 1906년 비극적인 교통사고로 세상을 떴지만 마리는 계속 방사능 선구자의 길을 걸어 방사능 측정 방법을 만들어낸 공로로 1911년 두 번째 노벨상을 받았다. 그녀는 파리대학교에서 방사능 연구를 이끌며 '작은 퀴리'라는 이동식 X레이 장치를 개발했는데, 이 장치는 제1차 세계대전 당시 전쟁터 인근에서 부상자를 진단하는 데 쓰였다.

마리 퀴리는 방사능 노출로 인해 생긴 재생불량성빈혈을 앓았고 1934년 66세 나이로 세상을 떠났다. 방사능에 노출됐던 그녀의 시신은 약 2.5센티미터 두께의 납으로 둘러싼 관에 넣어 매장됐다. 1995년 마리와 피에르의 유해는 프랑스에서 가장 존경받는 역사적 인물의 안식처인 팡테온으로 이장됐다. 퀴리의 두 딸 중 하나인 이레네Irene는 어머니에 이어 계속 방사능 연구를 했으며 인공 방사선의 발견으로 노벨상을 수상했다. 퀴리의 외손녀 역시 핵물리학자였다.

핵분열을 설명한 '원자폭탄의 어머니'는 누구일까?

알베르트 아인슈타인Albert Einstein은 그녀를 '독일의 마리 퀴리'라 불렀지만, 그녀는 마리 퀴리와는 달리 자신의 과학적 발견을 통해 명예도 부도 얻질 못했다. 리제 마이트너Lise Meitner는 헌신적인 평화주의자였음에도 불구하고 그녀의 이름은 주로 원자폭탄 개발과 관련해 거론된다.

위대한 열정, 위대한 스승

1878년에 태어난 오스트리아계 유대인 소녀 리제 마이트너는 과학에 관심이 많았다. 자녀 교육에 열의를 보인 부모 덕에 마이트너는 물리학 개인 지도를 받았고 20대 초에는 빈대학교에 입학했다. 그리고 물리학 박사 학위를 받고 대학을 졸업한 두 번째 여성이 되었다. 그녀는 이후 물리학자 슈테판 마이어Stefan Meyer의 알파입자 연구를 도왔고 1918년에 양자론을 만들어내 노벨 물리학상을 받은 막스 플랑크Max Planck의 조수 일도 했다.

마이트너가 이후 30년간 그녀의 연구 파트너가 되어줄 오토 한Otto Hahn을 만난 건 그녀가 플랑크 밑에서 일할 때였다. 마이트너는 아주 특출한 이론가였고 한은 체계적이고 뛰어난 화학자로, 두 사람은 그야말로 환상적인 콤비였다. 베를린의 카이저-빌헬름 화학연구소를 중심으로 두 사람은 많은 중요한 논문을 발표했으며 한-마이트너 연구 팀은 곧 세상에서 가장 유명한 물리학 연구 팀이 되었다. 두 사람은 10년 연속 노벨상 후보에 이름을 올리기도 했다.

크리스마스에 이루어진 발견

한창 실험을 진행 중이던 1938년, 히틀러의 제3제국이 새로운 반유대주의 법을 내놓자 마이트너는 독일을 떠날 수밖에 없었다. 그녀는 스웨덴으로 피신한 뒤 거기에서 서신과 비밀 회동을 통해 연구를 이어 갔다. 1932년 중성자가 발견된 이후 과학자들은 불안정한 동위원소에 어떤 일이 일어나는지 보기 위해 중성자로 우라늄을 때리기 시작했다. 한과 그의 연구 파트너 프리츠 슈트라스만Fritz Strassmann은 실험을 통해 중성자로 계속 때리면 우라늄은 더 무거워지기보다는 더 가벼워진다는 사실을 알게 됐다. 한은 마이트너에게 보낸 편지에서 이렇게 말했다. "당신이라면 뭔가 멋진 설명을 해줄 수 있을 거 같은데 말이죠."

그해 크리스마스 날, 마이트너는 액체 방울이 보다 작은 2개의 방울로 갈라지듯 우라늄 원자 또한 중성자로 계속 때리면 갈라지는 것이라는 사실을 알게 됐다. 그녀는 아인슈타인의 질량 에너지 등가 원리(E=MC²)를 이용해 대량의 에너지가 방출되면 원자가 더 가벼워진다는 걸 설명했다. 그녀는 또 에너지는 연쇄반응을 촉발할 수 있다는 사실도 밝혀냈다. 그러면서 이 같은 원자의 분열 과정을 설명하기 위해 '핵분열'이란 말을 만들었다. 1939년 그들의 이 같은 실험 결과는 오토 한 단독 명의로 (아마 마이트너의 유대인 혈통 문제 때문이었겠지만) 과학 저널 〈네이처Nature〉에 발표됐다.

맨해튼 프로젝트

연합국 과학자들은 곧 핵분열을 이용해 엄청난 위력을 가진 폭탄을 만들 수 있을 거라는 사실을 깨달았고 그들은 루스벨트 대통령을 설득해 그런 폭탄을 만들어낼 맨해튼 프로젝트에 대한 자금 지원을 끌어냈다. 마이트너도 이 프로젝트에 참여해 달라는 요청을 받았으나 다음과 같이 잘라 말했다. "나는 폭탄과는 인연을 맺지 않을 겁니다." 핵무기가 일본 히로시마와 나가사키에 투하된 1945년 바로 그해에 오토 한은 두 사람의 연구로 노벨 화학상을 수상했으나 마이트너의 공은 인정받지 못했다.

아인 랜드는 왜 우표 수집을 권했을까?

아주 큰 성공을 거둔 철학 소설 『파운틴헤드The Fountainhead』와 『아틀라스Atlas Shrugged』의 저자 아인 랜드Ayn Rand는 성인이 되어 50년 가까이 중단했던 우표 수집 취미를 뒤늦게 뜨거운 열정을 가지고 다시 시작했다.

랜드를 기리는 우표

1971년에 쓴 에세이 〈나는 왜 우표 수집을 좋아하나〉에서 이 러시아계 미국인 작가는 우표 수집이라는 독립적인 취미 활동이 집필 작업 중 쌓이는 정신적 피로를 풀어주고 힘겨운 삶에 즐거움을 주는 등 많은 이점이 있다고 했다. 랜드는 생산적인 성취와 개인적인 행복이 삶의 동기가 된다는 객관주의적 철학을 갖고 있었는데, 우표 수집은 랜드의 그런 철학을 보완해 주는 완벽한 취미였던 것이다. 랜드는 또 자신이 다른 그 무엇보다 우표를 수집하기로 한 이유에 대해 이렇게 적었다. "우표는 전 세계를 아우르는 통신 네트워크의 추상적인 개념을 아주 구체적이고 가시적으로 보여주는 상징이거든요." 랜드는 5만 종 이상의 우표를 수집했다. 랜드가 만일 1999년에 아직 살아 있었더라면 자신의 우표 컬렉션에 아주 특별한 우표를 추가할 수 있었을 것이다. 미국 우편국에서 미국 문학작품 시리즈의 일부로 랜드를 기리는 33센트짜리 우표를 발행했기 때문이다.

특별한 우표 수집가들

최초의 우표인 일명 '페니 블랙Penny Black'은 1840년 영국에서 발행됐는데 젊은 빅토리아 여왕의 이미지가 담겨 있다. 그 직후부터 우표 수집은 시작됐다. 아인 랜드는 우표 수집 취미를 가진 유일한 유명 인사는 아니다. 엘리자베스 2세도 유명한 우표 수집가이며 가장 방대한 영국 및 영연방 우표 컬렉션으로 손꼽히는 '로열 우표 컬렉션'에 상당한 기여를 했다. 그 외에 비행 여행 자금을 마련하기 위해 우표를 판매한 비행사 아멜리아 에어하트, 테니스 선수 마리아 샤라포바Maria Sharapova 등도 우표 수집가로 유명하다.

오지의 한 간호사가 소아마비 치료에 혁신을 일으켰다고?

전문교육을 받지 못한 호주 오지의 간호사 엘리자베스 케니Elizabeth Kenny는 아마 자신이 소아마비 치료에 혁신을 일으키리라곤 예상도 못했을 것이다. 그러나 오지에서 소아마비에 걸린 아이들의 치료에 성공하면서 그녀는 바깥세상까지 내다보게 된다.

비난받았지만 효과적인 치료법

케니는 제1차 세계대전 당시 영국에서 호주군 간호 서비스 소속으로 일하며 선임 간호사 직책을 받은 뒤 '시스터 케니Sister Kenny'로 불렸는데 그녀는 1, 2차 세계대전 사이 몇 년간 호주에서 소아마비 치료를 위한 치료소를 운영했다. 그 당시에 소아마비는 세계에서 가장 널리 퍼진 소아 바이러스성 질환이었다. 열과 근육통 그리고 일시적인 마비나 영구적인 마비가 대표적인 증상이었다. 통증이 있는 팔다리를 뜨거운 타월로 칭칭 감은 뒤 관절 부위를 구부렸다 폈다 하는 케니의 치료법은 의료계로부터 많은 비난을 받았다. 그 당시의 표준적인 소아마비 치료법은 부목과 죔쇠를 이용해 팔다리를 고정시키는 것이었기 때문이다. 나중에 알려진 바지만 케니의 치료법은 환자가 자신의 재활에 적극적인 역할을 하는 방식으로 많은 환자들이 일시적인 마비 증상이 있던 팔다리를 다시 움직일 수 있게 됐다.

미국 의료계에서 거둔 성공

자신에 대한 의료계의 비난에도 불구하고 시스터 케니는 미국으로 건너가 메이오클리닉과 미네소타대학교에서 자신의 치료법을 실연해 보였다. 이 일을 통해 케니는 미국 전역에 명성을 날리게 되며 1942년 시스터 케니 연구소를 설립해 소아마비 환자의 재활 치료에 나서게 된다. 이 연구소에서는 다른 의료 전문가가 케니 치료법을 배우는 과정도 제공했다. 1955년에 소아마비 백신이 개발되어 널리 보급되면서 소아마비는 급격히 줄어든다. 그리고 1994년 남북 아메리카는 소아마비 완전 퇴치를 선언한다. 이후 시스터 케니 연구소는 보다 일반적인 재활의학 서비스를 제공하게 된다.

아인슈타인의 수학 문제를 풀어준 여자 과학자는 누구일까?

밀레바 마리치Mileva Marić는 귀에 익은 이름은 아닐지 모르지만 〈타임〉지가 선정한 '20세기의 인물'인 알베르트 아인슈타인의 첫 번째 아내이자 과학자였다. 안타깝게도 마리치가 노벨상 수상자인 아인슈타인의 성공에 어떤 역할을 했는지는 정확하게 알려져 있지 않다.

똑똑한 동급생과의 만남

1875년 오스트리아-헝가리 제국에서 태어난 마리치는 부유하고 존경받는 가문 출신이었다. 그녀의 아버지는 딸이 세르비아로 건너가 자그레브에 있는 로열 클래시컬 김나지움에서 공부를 할 수 있도록 교육부로부터 특별허가를 받았다. 당시 그 물리학 수업은 남학생만 참석할 수 있었기 때문이다. 고등학교를 졸업한 뒤에는 여학생으로는 유일하게 다른 네 남학생과 함께 취리히 폴리테크닉대학교에 입학해 물리학과 수학을 공부했다. 바로 그 네 남학생 중 하나가 알베르트 아인슈타인이다. 두 사람은 서로의 공부를 도와주며 늘 붙어 다녔다. 지금까지 남아 있는 두 사람의 편지를 보면 조직적인 사고에 보다 능했던 마리치가 아인슈타인이 연구에만 몰두할 수 있게 도움을 주었음을 확인할 수 있다.

헌신적인 내조의 흔적

마리치와 아인슈타인은 서로 연인 관계였으나 아인슈타인의 독일 가족은 두 사람의 관계를 못마땅해 했다. 마리치는 네 살 연상이었고 지식인이었으며 '외국인'이었다. 게다가 아인슈타인은 졸업을 했지만 직업이 없었다. 마리치는 학교 공부에 뛰어났고 아인슈타인과 비슷한 성적이었음에도 불구하고 1900년에 연구 종료 시점 성적이 그리 좋지 못해 학위를 받지 못했다. 그러다가 마리치가 임신을 했다. 1902년 아직 결혼도 안 한 상태에서 그녀는 아인슈타인의 딸을 낳았다. 그 아이는 출산

후 바로 입양 보내진 걸로 알려져 있는데 그 이후의 일에 대해선 정확히 알려진 바가 없다. 이 시기에 마리치에게 보낸 여러 편지에서 아인슈타인은 자신의 연구를 '우리 연구'라 말하고 있다. 하지만 그녀는 자신이 많은 기여를 한 논문에서 자신의 이름을 뺐다. 그렇게 하는 편이 아인슈타인의 경력에 더 도움이 된다고 생각한 것으로 보인다. 한 편지에서 아인슈타인은 이런 말을 했다. "우리 두 사람이 함께한 상대 운동에 대한 연구가 성공적으로 결실 맺는 걸 보게 될 때 얼마나 행복하고 자랑스러울까!"

절대적 기여자 또는 단순 자문역

그 이듬해 아인슈타인은 취업을 하게 되고 두 사람은 마침내 결혼을 했다. 그리고 두 아들을 갖게 된다. 1905년 아인슈타인은 특수상대성 이론에 대한 논문과 광전효과 이론에 대한 논문 등 많은 중요한 논문을 발표했다. 그는 결국 1921년 '광양자가설'로 노벨 물리학상을 수상한다. 아인슈타인과 마리치의 전기를 쓴 사람들은 그 중요한 연구를 체크해 주고 강의 노트를 써주고 각종 의견과 통찰력을 제공하는 등 마리치가 지대한 도움을 주었다고 한다. 하지만 다른 일부의 사람들은 마리치는 단순한 자문에 지나지 않았다고 말한다. 마리치의 오빠 집에서 열린 지식인의 모임에서 아인슈타인이 이런 말을 했다는 얘기도 있다. "아내가 꼭 필요합니다. 저 대신 수학 문제를 다 해결해 주거든요." 마리치는 아인슈타인이 받은 그 어떤 상에도 이름을 올리지 못했지만 아인슈타인이 큰 상을 받은 것은 마리치에게도 도움이 됐다. 1919년 아인슈타인이 사촌인 엘자 뢰벤탈Elsa Lowenthal한테 가버려 이혼할 때, 아인슈타인이 자신이 만일 노벨상을 받게 된다면 상금은 마리치에게 주겠다고 동의했던 것이다.

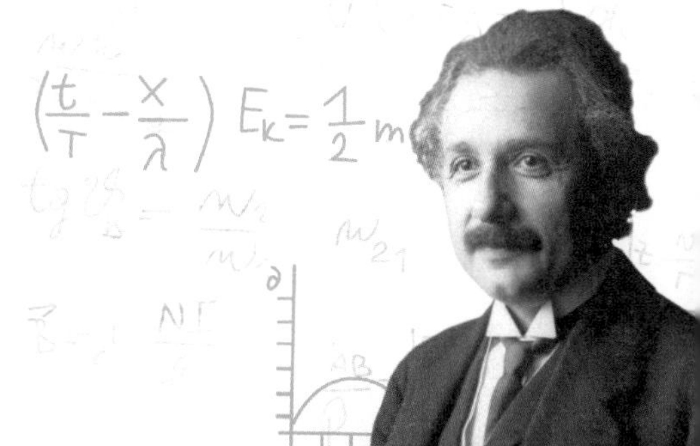

하버드대학교의 여성 '컴퓨터'는 어떤 일을 했을까?

우리는 컴퓨터 하면 보통 일상적인 업무를 하는 데 도움을 주는 기계, 노트북이나 휴대전화 그리고 심지어 시계 같은 것을 떠올린다. 그러나 19세기 말에 컴퓨터라는 말은 아주 중요한 여성 그룹을 가리키는 말이었다.

피커링의 진보적인 교수법

에드워드 피커링Edward Pickering은 뉴잉글랜드 출신으로 1865년에 하버드대학교를 졸업했다. 그는 매사추세츠공과대학MIT에서 물리학을 가르치면서 학생들에게 단순한 관측보다는 실험에 참여시키며 그 당시로선 혁신적인 교수법을 선보였고, 훗날 웰슬리 여자대학 최초의 물리학 교수가 되는 여성 사라 프랜시스 화이팅Sarah Frances Whiting이 강의를 듣는 걸 환영했다. 피커링은 1877년 하버드대학교 천문대 책임자가 됐을 때도 이처럼 선구적인 자신의 접근 방식을 그대로 고수했다.

그는 천체사진술이라는 새로운 기술을 활용했다. 이전의 천문학자는 망원경 관측과 기록에 의존했지만 이 천체사진술에서는 망원경에 부착한 카메라로 사진을 찍어 훨씬 더 세밀한 분석이 가능했고 또 언제든지 그 사진을 볼 수도 있었다. 1878년에는 찰스 베닛Charles Bennett에 의해 기술 발전이 이루어져 천문학자가 찍은 유리판 사진이 직접 눈으로 보는 것만큼이나 선명해졌다.

하버드대학교의 여성 '컴퓨터'

단 한 가지 문제라면 분류하고 분석해야 할 사진 자료가 매우 방대하다는 것이다. 세계 각

지의 천문대에서 총 50만 장의 사진판이 들어왔다. 별을 연구할 수 있을 만큼 똑똑한 여성은 별로 없다고 여겼지만 피커링은 수학 공식을 이용해 별의 좌표와 밝기를 계산해내고, 별을 서로 비교해 종류별로 나누고, 사진에 메모를 적어 분류하고, 그 모든 정보를 표로 전환하는 등의 지루한 작업을 하는 데는 차분하고 꼼꼼한 여성이 더 도움이 된다고 생각했다. 게다가 여성은 남성에 비해 인건비도 덜 들었다. 피커링이 재임한 42년 동안 80여 명의 여성이 그 밑에서 일했는데 그중 상당수가 아주 낮은 보수에 주 6일씩 일했다. 처음에는 친척 여성이나 하녀를 채용했으나 나중에는 사무실 근무 경력이나 수학 실력이 있는 여성을 뽑았다. 보다 많은 단과대학이 여성을 받아들이면서 하버드대학교 '컴퓨터(피커링이 채용한 여성들을 부르던 말)'의 역량 또한 높아졌다. 대부분의 경우 여성에겐 망원경 관측이 허용되지 않았지만 그들은 사진 연구를 통해 천문학의 지평을 넓히는 데 큰 기여를 했다.

별을 향한 노력

일부 여성 컴퓨터는 '피커링의 하렘'에 속한 데 만족하지 못하고 스스로 별이 되어 빛을 발했다.

애니 점프 캐넌 Annie Jump Cannon은 화이팅 밑에서 공부한 웰슬리 여자대학 졸업생이었다. 그녀는 기존의 별 분류 체계를 단순화시켰는데 그 분류법은 국제천문연맹에 의해 공식 채택되어 오늘날까지도 쓰이고 있다.

윌리어미나 플레밍 Williamina Fleming은 원래 피커링의 하녀였으나 후에 정식 복사 담당자 겸 하버드대학교 '컴퓨터'가 되었다. 그녀는 하버드에서 34년간 일하면서 다른 컴퓨터를 관리했으며 1899년에 천문 사진 큐레이터로 임명됐다.

헨리에타 스완 리비트 Henrietta Swan Leavitt는 하버드대학교 졸업생으로 피커링에게 채용되어 노출 간 특정 별의 밝기를 측정하고 분류했다. 그녀는 '리비트의 법칙'을 만들어내 천문학자가 이미지를 보고 우주에서 별 사이의 거리를 측정할 수 있게 했다.

과학자들이 열광하는 '사진 51'이란 대체 무엇일까?

'사진 51'은 평범한 사진이 아니다. 그것은 수십 년간의 연구 끝에 DNA 구조를 결정짓는, 마지막 단서였다. 그래서 이 사진은 역사상 가장 중요한 사진 중 하나로 손꼽힌다.

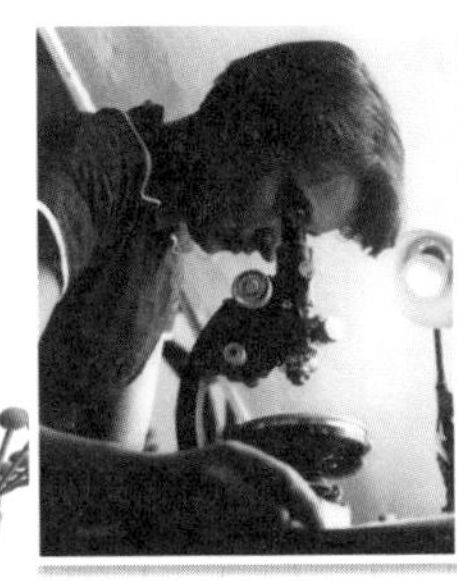

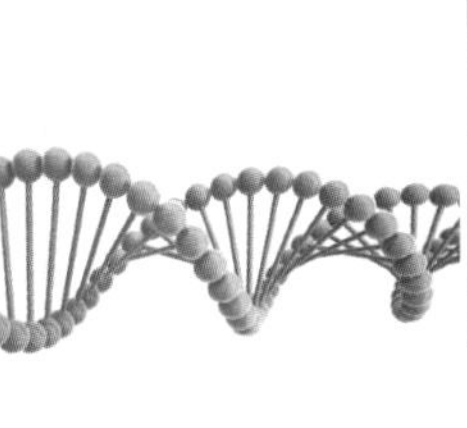

결정적인 DNA 샘플 사진

1952년 킹스칼리지런던에서 생물물리학자 로절린드 프랭클린Rosalind Franklin과 박사 과정을 밟고 있던 그녀의 학생 레이먼드 고슬링Raymond Gosling이 찍은 이 사진은 수분이 함유된 아주 작은 DNA 샘플 사진이었다. 그 DNA 샘플은 지지대에 고정된 채 카메라 안에 밀봉되어 있었고 X레이 결정화라는 과정을 통해 60시간 이상 X레이 광선을 쏘였다. 그러면 X레이가 분자의 원자에 맞아 튀어나오고 과학자들은 필름에 생겨난 패턴을 보고 분자 구조를 결정지었다. 사진 51의 경우, 보다 어두운 부분은 우리의 유전 암호를 이루는 DNA의 네 부분을 나타내고 서로 엇갈려 있는 점 패턴은 이중나선 모양의 대칭면을 나타낸다.

DNA 구조 발견 경쟁

프랭클린과 고슬링 그리고 같은 킹스칼리지의 모리스 윌킨스Maurice Wilkins는 영국 케임브리지대학교의 제임스 왓슨James Watson과 프랜시스 크릭Frances Crick 그리고 미국 캘리포니아공과대학의 라이너스 폴링Linus Pauling과 DNA 구조를 알아내기 위해 삼파전을 벌이고 있었다. 성과도 내고 싶고 미국인을 이기고 싶은 마음도 강했던 윌킨스는 프랭클린의 사진을 왓슨에게 보여주었다. 그 사진 덕에 왓슨과 크릭은 이중나선의 구조를 알아낼 수 있었다. 이는 모든 시대를 통틀어 가장 위대한 발견 중 하나였고 그 덕에 왓슨과 크릭과 윌킨스는 1962년 노벨상을 공동 수상했다. 노벨상은 사후에는 수상할 수 없기 때문에 1958년 난소암으로 숨진 프랭클린의 이름은 언급되지 않았다.

마거릿 캐번디시의 왕립학회 방문은 왜 그렇게 큰 논란이 되었을까?

1667년 5월 뉴캐슬의 공작 부인 마거릿 캐번디시Margaret Cavendish는 세계에서 가장 중요한 과학 기관 중 하나인 왕립학회의 한 모임에 참석했다. 기존의 학회 회원은 그녀의 출석을 극렬히 반대했다. 왜? 단지 캐번디시가 여성이었기 때문이다.

여성에겐 금지된 학회

영국 왕립학회가 설립된 지 285년 후인 1945년까지도 여성은 영국 왕립학회 회원이 될 수 없었다. 1838년 빅토리아 여왕이 학회 후원자가 된 것 외에 공식으로 학회 회원이 된 여성은 결정학자 캐슬린 론즈데일Kathleen Lonsdale과 생화학자 마저리 스티븐슨Marjory Stephenson뿐이었다. 그런데 여성 회원을 받아들이지 않은 것은 비단 영국 왕립학회뿐만이 아니다. 미국 국립과학아카데미도 1925년까지 여성 회원을 받아들이지 않았고, 프랑스 과학아카데미 역시 1962년까지 여성 회원을 받아들이지 않았다.

과학에 대한 숨길 수 없는 관심

마거릿은 당대의 유명한 철학자, 극작가, 시인과 두루 가깝게 지내던 부유한 귀족 윌리엄 캐번디시William Cavendish와 결혼을 했다. 그는 자기 아내와 과학 발전 및 철학에 대해 얘기를 나누는 걸 아주 좋아했다. 마거릿은 왕립학회의 가장 유명한 회원 상당수와 알고 지냈고 그 덕에 왕립학회 내부까지 들어갈 수 있었지만 상당한 파문을 불러일으켰다. 학회 방문 중에 그녀는 몇 가지 실험이 행해지는 걸 보았다. 새뮤얼 피프스Samuel Pepys는 당시 마거릿이 경이로운 눈으로 실험을 지켜봤다고 했으나 그녀는 후에 진부한 접근 방식, 생체 해부 허용, 여성에 대한 배타성 등과 관련해 왕립학회를 비판했다. 마거릿 캐번디시는 다작 작가로 많은 시와 희곡을 썼으며 많은 사람들이 최초의 공상과학소설 중 하나로 인정하는 『블레이징 월드라 불리는 새로운 세계에 대한 묘사A Description of a New World Called the Blazing World』도 썼는데 이 소설에서는 한 여성이 유토피아 같은 세계의 지배자가 된다.

히파티아가 기독교도 폭도에게 살해된 이유는 무엇이었을까?

히파티아Hypatia는 자신을 둘러싸고 싸운 남성들의 삶에 부차적인 존재 정도로 여겨졌으나 실은 훨씬 더 대단한 인물이었다. 그녀는 시대를 앞서간 여성이었고 뛰어난 학문적 소양으로 군중을 끌어모았지만 결국 그 때문에 몰락했다.

히파티아는 누구인가

히파티아에 대해 알려진 사실은 대개 다른 사람에 대한 글에서 나온다. 그러나 그녀의 아버지는 수학자 테온Theon이며 확실치는 않으나 그녀는 서기 350년경에 태어났다고 알려져 있고 그녀의 어머니에 대해선 알려진 바가 없다. 테온은 히파티아에게 자신이 알고 있는 모든 걸 가르쳐 주었으며 테온의 중요한 작품 중 일부는 공동 집필을 했다고 믿어진다. (히파티아가 직접 집필했다는 주장도 있다.) 그녀는 훗날 사람들에게 수학과 과학을 가르쳤으며 철학자로서도 활동했다. 히파티아는 신플라톤주의 철학 학파에 속했고 남성 지식인과 마찬가지로 학자 예복을 입고 사람들에게 플라톤과 아리스토텔레스의 가르침을 강연해 인기를 끌었다. 그녀는 결혼을 하지 않았으며 '뛰어나게 아름답다'는 말을 많이 들었고 알렉산드리아 시민들은 히파티아에게 '특별한 존경심'을 표했다.

알렉산드리아의 종교전쟁

한때 이교도가 판쳤던 로마 제국에서는 4세기에 이르러 기독교가 융성했다. 고대 세계의 문화 중심지였던 알렉산드리아에서는 이교도와 유대교도 그리고 기독교도가 서로 으르렁대며 지냈다. 곧 내전이 일어났고 도시에서는 여러 종교 집단 간에 싸움이 끊이질 않았다. 히파티아가 살았던 시절의 알렉산드리아에서는 도시 내 유대교도를 보호하며 정부를 이끄는 오레스테스Orestes와 기독교 교회를 이끄는 시릴Cyril 간에 정치적인 투쟁이 벌어지고 있었다. 그들 사이에는 기독교 개혁을 둘러싼 반목이 심했고 그러다 한 공청회에서 기독교도가 유대교도를 자극해 분노에 휩싸인 유대교도가 기독교도를 학살하는 사태가 벌어졌다. 그러자 유대교도를 내몰기 위해 시릴이 군중을 이끌고 시내를 돌아다니며 유대교도의 신전과 집을 약탈했다. 시릴은 화해의 노력을 기울이는 오레스테스를 상대로 암살 시도까지 했다.

손쉬운 표적을 희생양 삼아

히파티아는 대중에게 비기독교적인 철학을 설파하는 이교도 여성이어서 기독교도 입장에서는 눈엣가시 같은 존재였고 자신들의 대의를 위한 더없이 좋은 희생양이었다. 그녀는 아주 손쉬운 표적이기도 했다. 오레스테스는 늘 암살 시도에 불안해 했고 대개 무장한 경호원에 둘러싸여 지냈다. 시릴이 히파티아의 살해에 얼마나 많은 역할을 했는지는 분명치 않으나 곧 오레스테스가 흠모하는 히파티아가 양 진영 지도자들이 서로 화해하려는 걸 방해한다는 소문이 시내에 좍 퍼졌다. 히파티아를 죽여야 한다는 여론이 만들어졌다.

폭도에 의한 참혹한 살해

서기 415년 히파티아는 마차를 타고 알렉산드리아 시내로 가고 있었다. 그때 '강사 페테르'라는 남자가 이끄는 기독교도 폭도가 마차를 에워싼 뒤 그녀를 끌어내 인근 교회 안으로 끌고 갔다. 그녀는 벌거벗겨진 채 기왓장과 굴 껍질에 맞아 죽었다. 그녀의 몸은 기왓장과 굴 껍질로 갈기갈기 찢겼으며 폭도는 그녀의 시신을 끌고 거리를 돌아다녔다. 이 참혹한 살인극은 결국 히파티아의 유해에 불을 지른 뒤에야 끝이 났다.

마리 타프는 1,500미터 길이의 리넨 두루마리에 무엇을 그렸을까?

마리 타프Marie Tharp는 토양 조사원의 딸로 삶을 시작해 세계에서 가장 위대한 지도 제작자 중 하나로 삶을 마감했다. 그녀의 노력 덕에 해수면 위는 물론 아래쪽까지 지구를 보는 방식이 근본적으로 변화했다.

음악을 떠나 지질학에 입문

타프는 아버지와 함께 토양 샘플을 수집하는 걸 좋아했는지는 모르나 1930년대 말 성인이 되면서 자신이 지구과학 분야에서 일하리라곤 전혀 생각지 못했을 것이다. 그 당시에 지구과학 분야는 여성이 선택할 만한 분야가 아니었다. 타프는 1943년 오하이오대학교를 졸업했다. 전공은 영어와 음악이었다. 그러나 그녀가 갈 길은 따로 있었다. 미국이 제2차 세계대전에 뛰어들면서 남성이 지배하던 과학 및 기술 분야에 심각한 일손 부족 현상이 나타났다. 그 문제를 해결하기 위해 정부는 곧 여성의 과학 분야 진출을 적극 장려했다.

타프는 그 기회를 놓치지 않고 미시간대학교의 속성 지질학 과정에 수강 신청을 했다. 그녀의 멘토는 제도 과정을 들어 보길 권했다. 제도 기술을 배워두면 산업계에 취업하기 좋다는 걸 잘 알고 있었기 때문이다. (당시 현장 근무 분야는 여성 금지 분야였다.) 그녀의 노력은 결실을 맺었다. 1948년 타프는 최첨단 연구로 업계를 선도하던 컬럼비아대학교의 그 유명한 라몬트 지질 관측소에 들어갔다.

가능성의 대양을 발견하다

당시 라몬트 지질 관측소는 전 세계 해저 지도를 그리는 대규모 프로젝트에 매달리고 있었다. 제2차 세계대전 중 수중 음파 탐지기 기술이 개발되기 전까지만 해도 해저는 대개 평평하다고 믿어졌다. 그러나 이젠 배 바로 아래 해저의 깊이가 정확히 얼마나 되는지 알 수 있게 됐다. 여러 해에 걸쳐 자료가 수집됐는데 그 모든 걸 분석한 결과를 가지고 거대한 리넨 천에 지도를 그리는 게 타프의 일이었다. 관측소 소장이 지질 연구 여행에 여성이 따라가면 부정 탄다고 생각해 타프는 무려 15년간 지질 연구선에는 오르지 못했다.

그렇게 해서 나온 약 1,500미터 길이의 리넨 두루마리는 타프와 그 모든 자료를 수집해 온 지질학자 브루스 찰스 헤이젠Bruce Charles Heezen의 공동 작품이다. 그 결과는 놀라웠다.

타프의 지도는 해수면 위로 보이는 풍경과 마찬가지로 산과 계곡과 능선을 보여준다. 더 놀라운 것은 타프의 지도를 보면 약 1만 6,000킬로미터에 이르는 거대한 해저산맥과 긴 지구대가 대서양 중앙을 가로지르고 있다. (후에 이는 훨씬 더 거대한 대양 해저산맥의 일부로 밝혀진다.) 이는 어느 시점에선가 지구 안쪽으로부터 마그마가 솟아 나와 새로운 지각을 형성하면서 대륙을 갈라놓았다는 걸 보여주는 증거였다. 결국 타프는 지구상에서 가장 거대한 지질학적 구조를 발견했을 뿐 아니라 해저가 확장되고 대륙이 이동한다는 이론을 뒷받침할 증거도 찾아낸 것이다.

드러내지 않아도 스스로 빛나다

헤이젠은 1957년 자신들의 연구 결과를 발표해 지구와 그 지표면에 사는 생명체의 진화 과정에 대한 새로운 이론으로 지질학계를 뿌리째 뒤흔들었다. 사람들로부터 주목 받는 걸 싫어한 타프는 헤이젠이 1977년 세상을 떠날 때까지 그와 함께 연구를 계속했다. 그러나 타프는 결국 1997년 지질업계를 변화시킨 연구에 대한 공로를 인정받아 미국 의회도서관으로부터 당연히 받을 만한 명예를 받았다. 의회도서관에 의해 20세기의 가장 위대한 지도 제작자 네 사람 가운데 한 사람으로 선정된 것이다. 그리고 대학 멘토가 한 말처럼 타프의 제도 기술은 결국 빛을 보았다.

박사 학위를 처음 받은 여성은 누구일까?

1672년 저명한 베니스 귀족 기안바티스타 코르나로 피스코피아Gianbattista Cornaro Piscopia는 자신의 딸 엘레나Elena를 위해 파도바대학교 근처에 집을 구입했다. 딸이 그 대학에서 공부를 할 수 있게 하려 한 것이다. 그렇게 해서 엘레나는 그 대학 최초의 여성 졸업생이 되었는데, 그 당시 유럽에서는 처음 있는 일이었다.

성차별주의를 졸업하다

엘레나가 여성임에도 불구하고 그녀의 아버지는 그녀가 다른 남자 형제들과 마찬가지로 최고의 교육을 받을 수 있게 해주었다. 1646년에 태어난 엘레나는 대학에 갈 무렵 이미 7개 국어에 능통했다. 그리고 개인 교습을 통해 이미 수학, 천문학, 음악, 신학도 공부했다. 엘레나가 박사 학위를 받고 싶어 한 과목은 신학이었다. 그러나 로마가톨릭교회는 그걸 허용치 않았고 대신 철학 박사 학위를 받는 건 허용됐다. 1678년 6월 25일 엘레나에 대한 학위 인정 시험이 많은 사람이 지켜보는 가운데 베니스 성모마리아 성당 안에서 치러졌다. 그리고 당시 32세였던 엘레나는 대학에서 박사 학위를 받은 최초의 여성이 되었다.

비밀리에 키워온 소망

이 같은 학문적 성취에도 불구하고 엘레나가 진정으로 원한 일은 베네딕트회 수녀가 되는 것이었다. 그녀의 아버지는 펄펄 뛰며 반대했지만 그녀는 11세 때 비밀리에 순결 서약을 했다. 그녀의 아버지는 엘레나를 다른 명문가에 결혼시키고 싶어 했으나 그녀는 많은 청혼을 다 뿌리치고 결국 베네딕트 수도원의 평수녀가 되었다. 그리고 값비싼 드레스 안에 수녀복을 입고 다녔다. 엘레나는 세상을 떠나는 날까지 계속 자선사업을 했으며 그녀의 시신은 그녀의 유언에 따라 호화스런 가족묘 대신 파도바의 성 유스티나 성당 내 조그만 예배당에 안치되었다.

사상가들

THINKERS

그들은 아마도 당신보다 머리가 좋았을 것이다.
하지만 당신도 만만치 않다고 생각한다면 퀴즈에 도전해 보라.

Questions

1. 소아마비 백신이 개발된 해는 정확히 언제인가?
2. 영국 왕립학회 방문 당시 경이로운 눈으로 실험을 지켜봤다고 새뮤얼 피프스가 언급한 여성은 누구인가?
3. 어떤 지명도 높은 여성 과학자가 맨해튼 프로젝트에 참여할 수 있는 기회를 마다했는가?
4. 화학원소 폴로늄의 이름은 무엇에서 따온 것인가?
5. 박사 학위를 받은 최초의 여성 엘레나 코르나로 피스코피아가 꿈꾸던 필생의 일은 무엇인가?
6. 최초의 우표는 무엇이라 불렸는가?
7. 히파티아는 어떤 철학 학파에 속해 있었는가?
8. 지도 제작자 마리 타프는 왜 15년간 지질 연구선 탑승이 허락되지 않았는가?
9. 하버드대학교의 별 분류 체계를 만든 건 누구인가?
10. 1921년도 노벨 물리학상은 누가 수상했는가?

Answers

정답은 208페이지에서 확인하세요.

RELIGION AND CULTURE

종교와 문화

빅토리아 여왕 시대의 여성은 부채로 의사소통을 했다고?

잔 다르크가 화형을 당한 진짜 이유는 무엇일까?

시대를 뛰어넘는 패션 아이콘

잔 다르크는 남자 옷을 좋아하기도 했지만 머릿속 목소리의 지시에 따라 자신의 긴 머리카락을 짧게 잘랐다. 이런 단발머리는 그 당시 기사들 사이에서 흔히 볼 수 있는 헤어스타일이었다. 영국 간수들은 처형 전에 그녀의 머리카락을 밀었지만 잔 다르크를 상징하던 헤어스타일은 여러 해 후에 다시 등장했다. 1909년에는 파리에서 인기 있었던 폴란드 출신의 헤어 디자이너 무슈 앙투안Monsieur Antoine이 잔 다르크의 헤어스타일에서 영감을 받아 유행을 앞서가는 파리 여성들에게 이 새로운 짧은 머리를 권하기 시작했다. 이 단발머리는 1920년대에 큰 인기를 끌었으며 지금까지도 인기 있다.

사람들은 영국이 잔 다르크Joan of Arc를 마녀로 몰아 죽인 것으로 알고 있다. 그러나 이 유명한 프랑스군 지도자가 처형된 것은 사실 입고 있던 옷과 그녀의 머릿속에서 들려오던 목소리와 더 관련이 있었다.

왕을 세운 시골 처녀

프랑스의 중세 역사에서 가장 존경받는 인물 중 한 사람인 잔 다르크는 권세를 쥔 군주도 존경받는 지식인도 아닌, 프랑스 북동부 조그만 마을 돔레미의 소작농 딸이었다. (Arc는 출생지가 아닌 아버지 성이며 잔 다르크의 이름은 사실 Jehanne였다.) 13세가 되던 1425년부터 그녀는 성인의 목소리를 듣고 환영을 보기 시작했다. 그 목소리는 그녀에게 샤를 6세의 아들이자 합법적인 프랑스 왕인 발루아의 샤를을 찾아가 만나라고 했다. 그러니까 그를 도와 왕위에 오르게 하는 것이 신이 주신 잔 다르크의 임무였다.

당시 프랑스는 영국 왕가와 프랑스 왕가 간에 벌어진 백년전쟁의 소용돌이에 휘말려 있었다. 1415년 아쟁쿠르 전투에서는 영국군이 프랑스군에 대승을 거두어 유리한 고지를 점하고 있었다. 1429년 잔 다르크가 샤를을 찾아갔을 때는 아직 어린 헨리 6세가 영국과 프랑스의 왕이었다. 10대의 나이에도 불구하고 잔 다르크는 샤를을 설득해 포위 공격을 당한 오를레앙의 프랑스군에 합류할 수 있었고 이후 오를레앙을 영국군의 공격에서 구해내는 데 일조한다. 이후 많은 승리가 이어졌고 '라퓌셀La Pucelle(처녀)'을 따르는 이가 늘어났다. 그해 7월, 잔 다르크가 예언한 대로 샤를이 랭스에서 프랑스의 왕 샤를 7세로 즉위했다.

남자 옷을 입은 죄

오래 지나지 않아 승승장구하던 프랑스군 진영에 먹구름이 드리우기 시작했고 몇 차례의 전투에서 패한 뒤 1430년 잔 다르크는 영국 왕에게 충성하는 프랑스인에게 붙잡혀 루앙의 한 교회 재판소로 넘겨졌다. 처음에는 재판 혐의가 마법 등 무려 70가지나 됐지만 그녀는 끝내 죄를 인정하지 않았고 1431년 법정에서 자기변호를 잘해 대부분의 혐의를 벗었다. 이제 12가지 혐의가 남았는데 주로 그녀가 왕의 칙령에 의해 금지된 남자 옷을 입었었다는 것과 관련된 혐의였다. 또 신이 자신에게 직접 말을 한다고 했는데 그것은 불경죄에 해당됐다. 잔 다르크는 자백서에 서명하고 정치적 신념을 바꾸겠다고 약속할 경우 종신형에 처하겠다는 제안을 받아 그 자백서에 서명을 했다. (아마 자신이 무엇을 인정하는 건지도 몰랐을 것이다.) 그러나 며칠 후 여전히 남자 옷을 입고 있었고 신이 자신에게 직접 말을 한다고 주장했다. 잔 다르크가 1431년 5월 30일에 화형을 당한 것은 바로 그 2가지 죄 때문이었다.

'춤추는 여신'으로 유명한 종교 지도자는 누구일까?

1912년 44년에 걸친 메이지 시대가 끝나자 일본은 다른 나라가 되었다. 산업이 확장되고 외국의 영향을 많이 받아 다양한 국가 기관을 갖춘 현대 국가가 되고 있었다. 세계대전 직후 일본인은 서양의 패션과 음식, 각종 엔터테인먼트 등을 도입하기 시작했다. 또한 새로운 종교에 대한 갈망도 컸다.

셀럽 여신의 등장

역사가 오랜 신도나 불교 전통에 끌리지 않는 사람들 가운데 일부는 신흥종교로 눈길을 돌렸다. 가장 유명한 신흥종교 2가지는 정부의 꼭두각시나 다름없는 미디어에 의해 '셀럽신'으로 비판받는 여성이 설립했다. 그중 하나는 심령주의 단체 회원인 나가오카 료코에 의해 창시된 지우교다. 그녀는 자신의 이름까지 지코 손으로 바꿨으며 천황의 지도력 아래 세계를 재편하자고 호소했다. 이 종교의 유명한 신도로는 스모 그랜드 챔피언 요코즈나 후타바야마를 꼽을 수 있는데 그는 1947년 경찰이 지우 본부를 급습했을 때 지코 손을 지키려고 경찰과 몸싸움까지 벌였다. 그는 훗날 이 종교를 떠나 그 신뢰도를 떨어뜨렸다.

기적의 춤추는 여신

카리스마 넘치는 여성이 이끄는, 신앙이 필요한 사람들이 선택할 만한 신흥종교는 지우교만이 아니다. '천국 여신의 성지 종교'라는 뜻인 덴쇼 코타이 진구교는 야마구치 현의 한 농부의 아내 기타무라 사요가 창시한 신흥종교였다. 1945년, 그녀는 자기 속에 태양의 여신 아마테라스 오미카미와 비슷한 여신이 깃들었다고 주장했다. 또한 그 여신이 자기 안에 깃들어 평화를 통해 세상을 구하라고 했다

고 주장했다. 기존 종교와 정부는 '벌레 같은 거지'라고 폄하했으며 자극적인 설교와 노래 그리고 황홀한 춤으로 신도를 끌어들여 슈쿄 즉, '춤추는 종교'로 불리기도 했다. 그녀는 널리 여행을 다니며 유럽과 아메리카 대륙에서도 신도를 만들었고 자신에겐 치유력이 있으며 기적도 행할 수 있다고 주장했다. 기타무라 사요는 '춤추는 여신'으로 알려졌고 살아 있는 신으로 추앙받았다. 1967년에 세상을 떠나자 그녀의 손녀가 종교 지도자 자리를 넘겨받았다. 2000년대 초 일본과 세계 각지에 50만 명 가까운 신도가 있었다.

신흥종교를 만든 여성들

여성은 세계의 여러 종교에서 중요한 역할을 했는데, 자신의 종교를 한 차원 끌어올리면서 지도자 자리에 오른 여성을 소개한다.

영국 태생의 **앤 리**Ann Lee는 '몸을 흔드는 퀘이커Shaking Quaker 운동(신을 섬기면서 몸을 격렬하게 움직이기 때문에 '흔드는 사람들Shakers'이라고 알려지기도 했다)'을 미국에 소개했다. 그녀는 1774년 영국을 떠나면서 자신이 예수의 여성 후계자라는 계시를 받아 그런 일을 하기로 마음먹었다고 말했다. 그때부터 그녀는 '마더 앤Mother Ann'으로 불렸다.

메리 에디 베이커 Mary Eddy Baker는 막대한 부를 축적한 뒤 크리스천 사이언스 제일 교회First Church of Christ, Scientist(또는 크리스천 사이언스Christian Science)를 세웠으며 이 교회는 1879년에 법인으로 전환했다. 이 종교는 질병은 환상이며 기독교라는 과학으로 극복할 수 있다는 생각을 토대로 한다.

프로테스탄트 교회의 한 교파인 제7일안식일예수재림교는 **엘런 굴드 화이트**Ellen Gould White가 창시했는데 그녀는 어린 시절부터 평생 환영을 보았다. 이 종파는 안식일을 엄수하며 예수의 재림이 임박했다고 믿는 것으로 유명하다.

밤에만 부부, 낮에는 남남, '주혼' 풍습은 왜 생긴 것일까?

중국 쓰촨성과 윈난성 접경 지역에 있는 루구호 제방에는 중국의 마지막 모계사회로 알려진 고대 종족인 모수오족 마을이 있다.

모수오족의 모계사회

그림 같은 마을이 늘어서 있는 이 지역에는 오늘날 약 4만 명의 모수오족이 살고 있다. 이 지역은 해발 2,700미터나 되고 가장 가까운 도시도 차로 6시간이나 가야 할 만큼 외진 곳이다. 이들의 풍습과 문화적 관행은 비교적 최근까지 수 세기 동안 변함없이 유지되어 오고 있다. 오늘날 관광객들은 아름다운 풍경도 풍경이지만 현지 주민의 모계 내지 반모계적인 생활 방식을 보기 위해 이 외진 지역을 찾는다. 모수오족 문화에서는 여성이 '다부' 즉 집안의 가장이며 집안 식구의 이름 또한 아버지보다는 어머니 쪽을 따라 내려간다.

밤에만 만날 수 있는 부부

모수오족은 주혼(走婚 walking marriage 남자가 여자의 집을 밤마다 걸어서 찾아간다는 뜻)이라는 문화적 관행으로 유명하다. 전통적으로 여성의 경우 성년이 되면 마음에 드는 파트너를 선택할 수 있다. '악시아' 즉, 남성 파트너는 초대를 받아 여성의 집을 방문하고 다른 남성한테 들어오지 말라는 뜻으로 문에 모자를 걸어둔다. 이렇게 '결혼'을 한 커플은 대개 오래 지속되는 관계로 이어지는데 이들이 함께 살지는 않는다. 남성과 여성 모두 파트너가 아닌 자신의

불교와 개

많은 주변 종족과는 달리 모수오족은 남성 신보다는 '어머니 여신'의 개념을 더 믿는다. 그들의 전통적인 '다바' 신앙은 티베트 불교에서 영향을 받은 것이다. 이들 사이에서는 개가 신성시되는데 유명한 한 신화에 따르면, 한때 인간은 13년밖에 못 살았지만 개는 수명이 아주 길었다고 한다. 그리고 개는 자신을 존중하겠다고 약속한 인간만 상대해 주었다고 한다.

어머니 및 형제들과 함께 사는 것이다. 그리고 하룻밤 관계든 오랜 관계든 상관없이 태어난 아이는 여성이 양육한다. 남성은 자신의 아이보다는 여자 형제의 아이, 그러니까 조카를 돌보며 경제적 지원을 한다.

모수오족 사회에서도 남성은 정치적 · 경제적인 힘을 갖고 있지만 집안의 부와 관련된 결정을 내리는 건 가장인 여성이다. 재산과 부는 어머니가 죽으면 모계 중심으로 상속된다. 과거에는 남성이 물건을 팔기 위해 먼 지역까지 대상 교역을 떠나 집을 자주 비웠기 때문에 여성의 이 같은 자유와 독립성은 매우 합리적인 방식이었다. 그리고 이 지역 여성의 경우 집안 식구들이 평생 같이 살기 때문에 수입이나 사회적 지위 면에서 남성 파트너에게 기댈 일이 없으며 이혼을 해도 전혀 수치가 아니고 돈이나 재산과 관련된 갈등도 없다. 그러나 바깥세상의 영향을 점점 받게 되면서 지금의 젊은 모수오족은 점차 중국 최대 종족인 한족에 통합되어 가고 있다. 주혼 대신 남녀가 함께 사는 동거혼을 택하는 경우가 점점 많아지고 있다.

마더 테레사의 수녀복에는 뭔가 특별한 점이 있다고?

눈에 띄는 파란 줄 3개가 그어져 있는 흰 수녀복을 입고 다닌 마더 테레사Mother Teresa는 인도의 가난한 사람들을 돕는 데 모든 삶을 바쳤다. 마더 테레사의 의복에는 특이한 점이 있으며, 그것은 인도에서 최초로 상표등록되어 지적재산권까지 인정받았다.

더 가난한 사람들 속으로

'캘커타의 마더 테레사'는 1910년 아그네스 곤자 보야지우Agnes Gonxha Bojaxhiu라는 이름을 가지고 태어났다. 그녀의 집안은 알바니아계였으며 현재 마케도니아의 수도인 스코페에서 살았다. 어린 시절부터 가톨릭의 영향을 크게 받아 16세 되던 해에 수녀가 되었다. 그녀는 고향을 떠나 2년 후 아일랜드에서 로레토수녀회에 들어갔다. 그곳에서 그녀는 메리 테레사 수녀Sister Mary Teresa로 불렸다. 로레토수녀회는 선교 활동으로 유명했다. 그 수녀회에 들어간 직후인 1929년 테레사 수녀는 처음으로 캘커타(지금의 콜카타)로 넘어갔다. 그녀는 그곳 여학교에서 학생들을 가르쳤고 1937년 로레토수녀회에서 평생을 보내겠다는 서원을 했다. 그러나 20년을 수녀회에서 보낸 그녀는 수도회 안에서 가난한 사람들을 돕는 데 한계를 느꼈다. 그러던 1946년 어느 날 테레사 수녀는 가난한 사람 중에 더 가난한 사람을 돕기 위해 자신의 종교 공동체 '사랑의 선교 수녀회'를 만들라는 '부르심 속의 부르심'을 받았다.

극빈층 옷에서 착안한 수녀복

테레사 수녀는 2년간의 준비 끝에 마침내 로레토수녀회 문을 나와 새로운 여정에 나선다. 그에 앞서 그녀는 기존의 수녀복 대신 파란색 줄무늬가 있는 흰색 머릿수건에 흰색 튜닉을 걸쳤다. 순수함과 성모마리아를 상징하는 파란색이 살짝 섞인 단순한 옷이지만 그 색은 캘커타 거리를 청소하던 극빈층 여성들이 입는 사리(인도 등지에서 성인 여성이 입는 전통 의상) 색이기도 했다. 테레사 수녀는 로마 교황청으로부터 그런 옷을 입어도 좋다는 허락을 받았으며 그게 나중에는 파란색 줄무늬 3개가 있는 옷으로 바뀌었고 모든 사랑의 선교 수녀회 수녀가 입는 옷이 되었다. 사랑의 선교 수녀회는 1950년에 만들어졌으며 다른 수녀들이 그녀를 '마더 테레사'라 부르기 시작한 것도 그 무렵이었다. 테레사 수녀는 1997년 세상을 뜨며 노벨상 수상자이자 자선 사업과 경건의 아이콘으로 사람들의 가슴속에 새겨졌다. 테레사 수녀가 세상을 떠난 뒤에도 사랑의 선교 수녀회 수녀들은 여전히 같은 옷을 입고 선행을 이어갔다. 2016년 교황은 테레사 수녀가 입던 파란색 줄무늬 튜닉을 인도의 상표등록소에 지적 재산으로 등록해 주었다. 이로써 테레사 수녀의 옷은 상업적 목적으로 부당하게 사용할 수 없게 되었다.

나병 환자가 만드는 옷

사랑의 선교 수녀회 수녀들이 입는 사리는 30년 넘게 콜카타 교외에 있는 나병 환자의 보금자리 간디 프렘 니바스 센터 사람들이 손으로 직접 짜고 있다. 이 센터는 1979년에 건립됐으며 400명 이상의 남녀가 모여 일하는 복지 센터가 되었다. 이들은 매년 약 4,000벌의 사리를 손으로 직접 짜며 그걸 130개 이상의 국가에서 활동 중인 5,000명 이상의 수녀들이 입는다.

그라시아 멘데스 나시가 향신료 운반선으로 밀반입한 것은 무엇일까?

종교적 박해로 조국을 탈출해야 했던 그라시아 멘데스 나시Gracia Mendes Nasi는 계속 목숨을 걸고 다른 사람들을 도와 16세기의 가장 성공한 여성 사업가요 가장 영향력 있는 세파르디 유대인(스페인 및 포르투갈계 유대인) 중 한 사람이 되었다.

비밀스런 신앙

나시의 어린 시절에 대해선 알려진 게 거의 없다. 나시는 1510년 포르투갈에서 태어났으며 그녀의 부모는 1492년 스페인에서 축출된 뒤 가톨릭으로 강제 개종된 이른바 '콘베르소' 즉, 개종자였다. 성인이 된 나시는 부유한 향신료 무역상인 프란시스코 멘데스 벤베니스테Francisco Mendes Benveniste와 결혼했다. 두 사람은 공개적으로는 가톨릭식 결혼식을 올렸으나 실제로는 진짜 종교인 유대교 의식에 따라 유대교식 결혼식을 다시 올렸다. 불행히도 그녀의 남편은 그 직후 세상을 떠났으며 나시에게 자기 사업의 반을 남겼다. 나시는 시동생과 함께 사업을 운영하다가 시동생이 죽은 뒤에는 혼자 운영했다.

지하에서 그리고 바다 건너

1536년 로마 교황이 포르투갈에 종교재판소를 세워 비밀리에 계속 유대교를 믿는 '개종한 기독교인'을 발본색원하라는 명령을 내리자 나시의 가족은 다시 한 번 피난길에 올라야 했다. 그들은 '콘베르소'에게 보다 관대한 네덜란드로 건너갔다. 거기에서 나시는 처형 위기에 처한 다른 사람들을 돕는 지하활동을 벌였다. 포르투갈과 스페인에서 구한 유대인과 콘베르소를 자기 회사 무역선에 몰래 숨겨 벨기에의 앤트워프로 데려간 것이다. 나시는 그곳에서 그들에게 돈을 주어 유대인 신분으로 자유롭게 살 수 있는 오스만제국으로 갈 수 있게 주선했다. 그러다 세상을 떠난 남편에 대한 혐의로 인해 신변과 재산까지 위협을 받자 이번에는 스스로 직접 피난길에 오른다. 나시는 이탈리아 베니스와 페라라로 건너가는데 그곳에서 1549년에야 처음으로 본래 신앙을 공개할 수 있었다.

진짜 결혼식을 올리기 전에 나무와 먼저 결혼하는 여성들이 있다고?

힌두교 문화에서 '망글릭' 별(또는 망갈 도샤)의 영향하에 태어난 사람, 즉 점성술상 화성이 특정 지점에 놓인 상태에서 태어난 사람은 화성의 저주를 받게 된다고 한다.

모든 건 별에 새겨져 있다

점성술은 힌두교 문화에서 아주 중요하다. 일부 힌두교도는 천체가 땅에 있는 자신들의 삶에 지대한 영향을 미치며 결혼 같이 중대한 일을 할 때는 태어난 정확한 시간과 장소를 토대로 보는 '조티샤' 즉 별점을 참고해야 한다고 믿는다. 화성은 공격적인 행성이기 때문에 그 영향 아래 태어난 사람은 전투적인 성향을 띠게 되는데, 이는 원만한 결혼 생활을 위해 결코 바람직한 것이 아니다. 그래서 이혼을 하거나 배우자가 젊어서 죽을 수 있다고 믿었다.

첫 남편은 바나나 나무

고대 힌두교 승려가 그 해결책을 만들어냈다. 화성의 저주는 첫 번째 결혼에만 미치는 걸로 여겨졌기 때문에 망글릭 별의 영향하에 태어난 여성은 먼저 다른 것(이를테면 나무)과 결혼을 해 남편과의 결혼이 두 번째 결혼이 되게 하여 저주를 피하라고 조언한 것이다. '쿰브 비바하' 즉 '항아리 결혼'이라고 알려진 이 관습에서 여성은 보리수 또는 바나나 나무(또는 비슈누 신의 조각상)와 형식적인 결혼식을 올린다. 현재 이런 관습은 많은 비판을 받고 있고 인도 헌법에도 위배되지만 여전히 행해진다. 2007년에는 인도의 영화배우이자 전 미스 월드인 아이쉬와라 라이는 인도 배우 아비쉑 밧찬과의 결혼식을 앞두고 '항아리 결혼'을 했다는 보도 때문에 인권 단체가 악습을 조장한다고 고발하여 법정에 서기도 했다.

가톨릭교회에 의해 성인으로 인정받은 최초의 호주인은 누구일까?

2010년 교황 베네딕토 16세는 로마 산피에트로 대성당에서 전 세계로 인터넷 생중계되는 미사를 집전했다. 메리 맥킬럽Mary MacKillop이 호주인으로선 최초로 성인으로 인정받는 역사적인 순간을 보기 위해 약 8,000명의 호주인이 바티칸을 찾았다.

형제 많은 가난한 집안의 장녀

1842년 호주 멜버른에서 태어난 맥킬럽은 팔 남매 중 장녀였다. 그녀의 스코틀랜드계 아버지는 젊은 시절 사제가 되기 위해 공부를 했으나 그 꿈을 접고 평범한 아버지의 길을 걷는다. 맥킬럽의 어린 시절은 순탄하지 못했다. 아버지가 많은 자녀를 뒷바라지하느라 정신이 없어 자주 이사를 다니거나 친척과 함께 지내야 했다. 모든 형제가 한 지붕 아래서 지낸 게 드물 정도였다. 맥킬럽은 나이가 들면서 많은 일을 책임져야 했으며 가장처럼 동생을 돌보고 뒷바라지하느라 돈을 벌어야 했다. 맥킬럽은 처음엔 점원으로 일했고 1860년에는 사우스오스트레일리아주에서 가정교사 일도 했다. 그녀가 페놀라 전도단을 이끌던 줄리언 우드Julian Wood 신부를 만난 건 바로 그 무렵이었다. 당시 그는 수도회를 설립해 정식 교육을 받지 못한 현지의 가난한 원주민 아이들에게 가톨릭 학교 교육을 할 계획이었다.

모든 아이들을 위한 교육

1866년, 이제 막 20대가 된 맥킬럽은 세인트 요셉 수도회(호주 최초의 가톨릭

수도회) 최초의 수녀가 되어 학교에서 아이들을 가르쳤다. 이 수도회는 '요셉파'로도 알려졌다. 이들이 운영하는 학교는 아주 개방적이어서 공부할 여유가 없는 아이들을 비롯한 모든 아이들을 환영했으며 모든 아이를 평등하게 대했다. 그들은 고아원과 노숙자 쉼터, 여성 보호 시설 등도 세웠다.

요셉파 수녀는 다른 수녀와 달랐다. 그들은 교육도 많이 받지 못하고 매우 가난한 집 출신이었지만 오지에서 어려운 사람들을 도우며 그들만큼이나 행복한 삶을 살았다. 공동체 정신에 투철한 그들의 활동 방식이 낯선 교회 관계자는 그들을 의심스런 눈길로 보며 그들이 생활 방식을 바꾸길 바랐다.

요셉파 수녀들의 수난

요셉파의 가장 큰 시련은 1870년 수녀들이 한 사제가 아동 성 학대를 저질렀다고 고발하면서 시작됐다. 결국 문제의 사제는 아일랜드로 송환됐지만 그 일로 격분한 그의 동료 사제 중 하나가 주교를 설득해 수녀들로 하여금 그들의 생활 방식을 바꿀 것을 종용했다. 1871년 맥킬럽이 그 요구를 거부하자 주교는 그녀를 파문했고 다른 수녀들은 애들레이드 수녀원에서 내쫓았다.

자신이 사랑했던 교회에 다닐 수 없었던 맥킬럽은 한동안 세상을 등진 채 살았다. 그러나 그 이듬해 주교가 임종 직전, 파문을 철회함으로써 세인트 요셉 수도회는 맥킬럽의 지휘 아래 사회 및 교육 활동을 재개했다. 맥킬럽은 활발한 활동 끝에 수도회 최고위자로 선출되었으며 호주 및 뉴질랜드 전역의 요셉파 수녀원을 돌아보다 어느 날 뇌졸중으로 쓰러져 휠체어 신세를 지게 된다. 1909년 그녀가 세상을 떠날 무렵에는 600명이 넘는 요셉파 수녀가 12개 자선 단체와 117개 학교에서 활동 중이었다.

빅토리아 여왕 시대의 여성은 부채로 의사소통을 했다고?

부채는 원래 더위를 식히고 벌레를 물리치는 도구로 개발되었으나 19세기에 들어서면서 부유한 여성이 외출할 때 필히 지참해야 하는 패션 소품이 되었다. 부채는 그 사람의 사회적 신분에 대해 알려주는 물건이기도 했지만 다른 사람에게 뭔가 메시지를 전할 때도 쓰는, 이색적인 물건이었다.

신분을 나타내는 우아한 도구

그림으로 남겨진 기록을 보면 부채는 기원전 3,000년경부터 있었으며 고대 그리스, 로마, 이집트, 중국, 인도에서 더위를 쫓거나 의식적인 용도로 쓴 것 같다. 휴대용 부채는 1600년에 유럽에 나타나기 시작했으며 최고급 소재로 만들어져 귀족 신분의 상징이나 다름없었다. 부채의 펼친 면은 유명한 장인에 의해 아름답게 꾸며졌고 레이스와 자개, 금박 등으로 장식됐다. 또한 중요한 역사적 사건을 축하하거나 유명한 신화를 보여주는 정교한 디자인이 눈길을 끌었다. 그리고 숙녀가 자신의 사회적 신분을 과시하려면 요란하게 불필요한 관심을 끌지 않으면서 우아하게 부채를 다룰 줄 알아야 했다. 물론 부채의 종류도 중요했다. 예를 들어 17세기 말경에 부유한 여성들은 대개 접는 부채를 갖고 다녔고 덜 부유한 여성들은 보다 저렴한 고정된 깃털 부채를 갖고 다녔다.

무도회장의 은밀한 소통 도구

영리한 부채 제조업자는 부채 주인을 더 매력적으로 보이게 해줄 방법을 찾아냈다. 1790년대 말, 찰스 프랜시스 배디니Charles Francis Badini와 로버트 로Robert Rowe는 무도회장 같은 데서 의사소통할 수 있는 부채를 개발했다. 배디니의 부채는 사용자가 5가지 위치 중 한 곳을 쥐면 특정 알파벳 글씨가 나오고, 로의 부채는 펼친 면마다 글자가 인쇄되어 있어 사용자가 각 글자를 가리켜 단어를 만들 수 있었다. 그 외에 지시나 질문이 인쇄된 퀴즈용 부채, 술자리 게임용 부채, 점술용 부채 등도 있었다.

부채 언어 사용 설명서

빅토리아 여왕 시대의 여성은 마음에 둔 사람에게 자신의 의사를 알리기 위해 복잡하면서도 비밀스런 부채 언어를 개발했다는, 근거 없는 이야기도 있다. 이는 노골적인 애정 표현이나 거부 의사를 표하는 게 거북한 상황에서 유용한 방법이긴 했으나 그러려면 자신이 만나는 남성도 그 비밀 언어를 알고 있어야 했다. 이것은 일종의 마케팅 수단으로 만들어진 이야기로 보인다. 1827년 부채의 인기가 시들해지자 파리의 부채 제조업자 장피에르 뒤벨루아Jean-Pierre Duvelleroy는 부채의 인기를 되찾기로 마음먹었다. 그는 비밀 언어를 설명해주는 전단지를 만들었고 그 전단지에 페넬라Fenella라는 사람이 쓴 스페인어 문장을 번역해 넣었는데 그게 대박을 쳤다. 베리 공작 부인Duchesse de Berry이 개최한 무도회에서 부채를 소개한 뒤 그의 사업은 크게 번창했고 곧 부채를 빅토리아 여왕을 비롯한 모든 왕족에게 공급했다. 뒤벨루아의 부채 언어 설명서를 보면 부채를 쥐고 뺨 위에 살짝 긋는 것은 '당신을 사랑합니다', 오른손을 빙글 돌리는 것은 '사랑하는 사람이 있습니다'의 뜻이다. 아마 이 모든 신호는 재미 삼아 한 것이겠지만 이 같은 부채 언어는 유럽 전역에서 각종 책과 유명 잡지에 반복해서 실렸다.

야레나 리는 어떻게 최초의 여성 전도사가 되었을까?

야레나 리Jarena Lee가 1836년에 낸 책 『야레나 리의 삶과 종교 경험The Life and Religious Experience of Jarena Lee』은 아프리카계 미국인 여성이 낸 최초의 자서전이다. 그녀는 자신의 종교적 경험을 통해 아프리칸 감리교 감독 교회를 믿게 됐으며 그 교회에서 공식 인정받은 최초의 여성 전도사가 되었다.

전도를 하라는 부르심

리는 1783년 2월 11일 뉴저지주 케이프 메이에서 흑인 부모 사이에 태어났다. 리의 부모는 자유의 몸이었지만 가난해서 리가 7세 때 집에서 96킬로미터나 떨어진 백인 가정에 하녀로 보냈다. 리는 공식 교육은 받은 적이 없지만 혼자 읽고 쓰는 법을 배웠다. 리가 처음 접한 교회는 자신이 하녀로 일하던 백인 사회의 교회로 대체로 흑인에게 부정적이고 인종차별적이어서 신앙심이 깊어짐에도 불구하고 소외감을 느꼈다. 리는 성인이 되어 필라델피아로 이주했으며 그곳에서 아프리칸 감리교 감독 교회를 알게 돼 24세 때 세례를 받았다. 그리고 1811년 리는 전도를 하라는 하나님의 부르심을 받았으나 여성은 전도사가 될 수 없다는 목사의 말 때문에 꿈을 접어야 했다.

주교의 인정을 받다

리는 설교단에 영영 못 설 수도 있었다. 8년이 지나 리는 전도사와 결혼을 했고 엄마가 되었다. 그러나 1818년 남편이 세상을 떠난 직후 그녀는 다시 하나님의 부르심을 받았다. 리처드 앨런Richard Allen 주교는 그녀에게 기도 모임을 가질 수 있게 허락해 주었고 리는 평신도 설교자(자신의 개인적인 간증을 할 수 있는 신도)가 되었다. 그러던 어느 날 필라델피아의 마더 베델 교회에서 열린 예배에 참석했는데 객원 전

도사가 설교를 하다 말고 중단해야 하는 일이 생겼다. 그때 리가 일어나 그 전도사 대신 설교를 마쳤는데 그녀의 열정에 신도들이 큰 감동을 받았다. 당시 앨런 주교도 그 자리에 있었는데 리는 자서전에서 자신이 설교를 마쳤을 때 그가 자리에서 일어나 자신을 전도사로 인정해 주었다며 이렇게 말했다. "주교님이 다른 전도사와 마찬가지로 나 역시 하나님께 부르심을 받았다는 걸 믿어 주었다." 자신이 그토록 간절히 원해 왔던 일을 허락받자 리는 곧 순회 전도사 일을 시작해 미국 북동부 전역을 돌며 설교를 했다.

2차 대각성 운동기의 전도

리는 공교롭게도 '2차 대각성 운동' 시기에 개인적인 각성을 했다. 2차 대각성 운동은 1790년에서 1840년 사이에 일어난 강력한 신교 운동으로 각 교회에서 대규모 부흥회가 열려 많은 사람이 기독교로 개종했다. 개종자 중 상당수는 당시 미국 내 각종 사회적 · 경제적 변화에 큰 영향을 받은 여성으로 새로운 종파는 성별과 인종 또는 사회적 지위와 관련 없이 모든 사람의 영적 각성을 촉구했다. 그럼에도 불구하고 리는 흑인 여성 전도사로서 많은 반대와 차별에 직면한다. 여성은 설교를 해선 안 된다고 생각하는 사람이 아직 많았던 것이다. 어떤 도시에서는 교회 문이 다 잠겨 안에 들어갈 수 없는 경우도 많았다. 인근에 있는 강당을 찾아 거기서 현지인에게 설교하는 경우도 많았다. 나중에 리는 노예제도가 아직도 시행 중인 외진 지역까지 찾아가 신학을 통해 노예제 폐지를 설파했다.

찬송가의 대모 패니 크로스비는 누구일까?

패니 크로스비Fanny Crosby는 모든 시대를 통틀어 가장 많은 찬송가를 만든 작사자로 약 9,000곡을 작사한 걸로 알려져 있다.

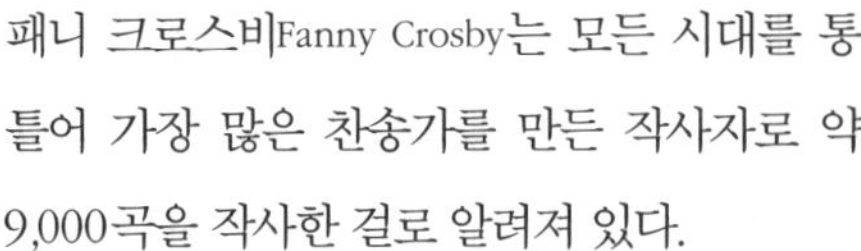

불행한 어린 시인

1820년 뉴욕에서 태어난 크로스비의 삶은 시작부터 그 누구보다 힘들었다. 생후 6주밖에 안 됐을 때 한 돌팔이 의사가 감기를 치료한다며 그녀의 눈에 겨자를 발랐다. 그 결과 감기는 나았지만 왼쪽 눈이 멀게 된다. 그 직후 아버지가 세상을 떠나 그녀의 어머니는 딸과 함께 자립해야 했다. 크로스비는 겨우 8세 때부터 시를 쓰기 시작했고 성경 구절을 엄청나게 많이 외웠다. 이후 그녀의 운명은 새로운 뉴욕맹인학교의 설립과 함께 변한다. 그 학교에 12년간 다닌 끝에 결국 그곳의 교사가 된 것이다.

신을 찬양하다

크로스비는 시적 재능이 정말 뛰어났으며 23세가 되던 해에는 미국 상원에서 자신의 시를 낭송했다. (그녀는 당시 상원에서 정치인을 향해 맹인에 대한 교육 지원을 촉구하기도 했다.) 1850년대 말 교사직에서 물러나 재능 있는 오르간 연주자와 결혼한 크로스비는 시 대신 찬송가 가사를 쓰기 시작했다. 그녀는 1주일에 찬송가 가사 3편씩을 제출하기로 한 출판사와 계약을 맺었는데 6~7편씩 제출하는 경우도 많았다. 가장 유명한 그녀의 찬송가로는 〈주 예수 넓은 품에Safe in the Arms of Jesus〉, 〈예수를 나의 구주 삼고Blessed Assurance〉, 〈주께 영광을To God Be the Glory〉 등을 꼽을 수 있다. 크로스비 찬송가는 익명으로 발표된 게 많아 정확한 수는 알 길이 없다. 크로스비가 세상을 떠나기 10년 전인 1905년부터 감리교에서는 3월 26일을 '패니 크로스비의 날'로 기리기 시작했다.

종교와 문화

RELIGION AND CULTURE

신앙을 갖고 있다면 자신의 직감을 믿어라. 종교와 문화에 대해 얼마나 잘 알고 있는지 확인하기 위한 몇 가지 퀴즈를 풀어 보라.

Questions

1. 마더 테레사가 들어간 아일랜드 수도회의 이름은 무엇인가?
2. 인도 영화배우이자 전 미스 월드인 아이쉬와라 라이는 왜 2007년 인권 단체에 의해 법정에 서게 됐는가?
3. 잔 다르크는 70가지 혐의 가운데 실제 몇 가지 혐의로 유죄 선고를 받았는가?
4. 그라시아 멘데스 나시의 가족은 어떤 종교로 강제 개종 당했는가?
5. 수녀 메리 맥킬럽의 아버지는 종교적으로 어떤 특성을 갖고 있었는가?
6. 모수오족 문화에서 '악시아'란 무엇인가?
7. 패니 크로스비는 왜 눈이 멀게 되었는가?
8. 어떤 종교 지도자가 1774년 예수의 후계자라는 계시를 받고 미국으로 왔는가?
9. 1790년에서 1840년 사이에 북미 지역에서 일어난 강력한 신교 운동은 무엇인가?
10. 장피에르 뒤벨루아의 부채 언어에 따르면 부채로 자신의 뺨을 살짝 긋는 것은 무슨 의미인가?

Answers

정답은 209페이지에서 확인하세요.

POLITICS

정치

철의 여인 마거릿 대처가 소프트아이스크림을 개발했다고?

사과주 사랑이 미국 여성 정치사를 뒤바꾸어 놓았다고?

주류 판매 금지를 반대했던 그 당시 남성들은 상상도 못했다. 기독교여성금주동맹WCTU을 향한 자신들의 잔인한 농담이 여성의 사회 진출을 가로막던 유리 천장을 깨뜨려 미국 여성 정치사를 영원히 뒤바꿔 놓을 줄 말이다.

금주에 대한 거친 공방

1887년 캔자스주 여성들은 시 공무원 투표에 참여하고 시 공무원에 출마도 할 수 있는 권리를 획득, 마침내 시정 운영에 대한 발언권을 갖게 되었다. 그해 4월 아고니아라는 작은 도시에서 지방선거가 열렸는데 투표용지 맨 위에는 시장의 역할을 적게 되어 있었다. 이는 WCTU 입장에서 아주 반가운 소식이었다. 금주는 이 단체의 정치적 목표 가운데 하나였지만 회원들이 술집 밖에서 시위를 해봐야 돌아오는 것은 욕설과 맥주 세례뿐이었기 때문이다. 선거가 다가오면서 여성들은 마침내 자신들의 대의에 공감하는 사람에게 표를 줄 기회를 잡게 됐다.

긁어 부스럼 만든 투표용지

이 당시에는 선거일 전까지 후보가 등록을 하지 않았다. 대신 지지 단체가 자신이 원하는 후보자 명단이 적힌 투표용지를 배포해 지지자로 하여금 투표소의 투표함 안에 그걸 집어넣는 방식으로 투표가 진행되었다. WCTU는 시의 주요 직책 후보자 명단에 주류 판매 금지 지지자를 넣었다. 그런데 발효 사과주를 좋아하는 현지인(the wets로 불렸다)이 WCTU 여성 회원을 조롱하면서 동시에 그 동맹의 미미한 존재를 부각시켜 줄 거라 믿으며 한 가지 계획을 짜냈다. 한 군데만 빼고 WCTU의 투표용

지와 거의 똑같은 투표용지를 제작한 것이다. 그들은 남성 시장 후보의 이름이 들어갈 자리에 열렬한 WCTU 회원인 수재나 솔터Susanna Salter의 이름을 집어넣었다. 여성 시장이라는 게 워낙 터무니없는 아이디어라 생각해 극단적인 사람이 아니면 그녀에게 표를 던지지 않을 거라 믿었다.

첫 여성 시장 당선!

그러나 그 계획은 역효과를 낳았다. 투표용지를 본 솔터는 그들의 시장 출마 요청을 거부하지 않고 받아들였다. 그리고 400명의 유권자 가운데 60퍼센트가 솔터에게 표를 던졌다. 새로운 시장은 발효 사과주 제조를 금지시켰고 몇 년간 시장직을 수행한 뒤 재선에는 출마하지 않았다. 솔터는 미국 정치 역사상 선거에서 승리한 최초의 여성이었다. 그러나 여성 정치인의 선출 가능성은 여전히 낮으며 2018년 3월, 인구 3만 명이 넘는 미국 도시의 시장 가운데 여성은 겨우 22퍼센트뿐이었다.

"금주는 WCTU의 정치적 목표 가운데 하나였다."

금주 폭풍

기독교여성금주동맹은 19세기에 가장 영향력 있는 여성 단체 중 하나였다. 1874년 미국 오하이오주에서 결성된 WCTU의 원래 목표는 금주법 시행이었으나 WCTU는 노동법 개정, 교도소 개혁, 여성참정권 등의 캠페인에서도 중요한 역할을 했다. 미국 전역에 1,000개가 넘는 지부가 있었고 1920년대에는 40개 이상 국가에 회원을 두었다. 예를 들어 뉴질랜드에서는 케이트 셰퍼드Kate Sheppard가 이끌던 WCTU가 1893년 여성의 보통선거권 획득에 결정적인 역할을 했다.

최초의 여성 수상은 누구였을까?

1960년 7월 22일 시리마보 반다라나이케Sirimavo Bandaranaike는 실론(오늘날의 스리랑카)에서 현대 세계의 첫 여성 정부 수반이 되어 역사에 이름을 올렸다. 남편이자 전 실론 수상이었던 S.W.R.D. 반다라나이케가 암살된 뒤 정치에 입문한 것이다.

마지못해 지도자가 된 여성

반다라나이케는 실론이 공화국으로 변화되어 가던 역사적으로 중요한 시기에 통치를 했다. 그러나 그것은 그녀의 뜻이 아니었다. 그녀는 남편의 죽음에 슬퍼할 뿐 정치에는 관심이 없었다. 그녀가 속한 정당이 국민의 동정심을 얻기 위해 그녀를 정치계로 내몰았다. 때론 논란도 많았으나 반다라나이케는 남편의 사회주의 개혁 정책을 그대로 수행했고 가장 유명한 개발도상국 지도자 가운데 한 사람이 되었다. 여러 해에 걸친 영국 식민지 지배로 실추됐던 국위를 신할리즈족 중심의 지배를 강화하며 되살렸으나 그 과정에서 불행히도 종종 타밀족의 희생이 따랐다. 반다라나이케의 연립정부는 1965년 총선거에서 패배했으나 그녀는 그 이후에도 두 차례 더(1970~1977년, 1994~2000년) 수장 자리에 올랐다. 그리고 그녀의 딸은 훗날 스리랑카 최초의 여성 대통령이 되었다.

최고의 자리에 오른 여성

반다라나이케가 정치적 장벽을 허물고 난 뒤 많은 유명한 여성들이 곧 그 대열에 합류했다. 스리랑카에서 반다라나이케가 처음 공직에서 물러난 지 1년 만인 1966년 인도에서 인디라 간디Indira Gandhi가 두 번째 여성 수상이 되었다. 그 이후 최고의 자리에 오른 여성을 다음에 소개한다.

골다 메이어 Golda Meir는 이스라엘의 네 번째 총리이며 전 세계적으로는 세 번째로 수상직에 오른 여성이다. 메이어는 한때 전 이스라엘 총리 다비드 벤구리온David Ben-Gurion 내각에서 '청일점'으로 평가 받기도 했다.

유럽 최초의 여성 대통령이자 민주적인 투표에 의해 선출된 세계 최초의 여성 대통령은 아이슬란드의 **비그디스 핀보가도티르**Vigdís Finnbogadóttir다. 그녀는 처음에는 불안해 보였지만 결국 아주 큰 성공을 거둬 1980년부터 1996년까지 무려 16년간 대통령직을 수행했다.

아시아에서는 **코라손 아키노**Corazon Aquino가 1986년 시민혁명 이후 필리핀 최초의 여성 대통령이 되었다. 그녀의 남편은 페르디난드 마르코스Ferdinand E. Marcos 대통령의 독재 정권에 반대하다가 아키노가 대통령이 되기 3년 전에 암살당했다.

베나지르 부토 Benazir Bhutto는 세 번째 대통령 출마를 위해 2007년에 파키스탄으로 돌아왔다가 암살당했다. 그녀는 그 이전에 1988년부터 1990년까지 파키스탄 총리를 지냈고 1993년부터 1996년까지 다시 총리직을 수행했다. 부토는 회교도가 다수 민족인 국가에서 선출된 최초의 여성 리더다.

1995년 아프리카 최초의 여성 국가 원수가 탄생했다. 라이베리아의 **엘런 존슨설리프**Ellen Johnson-Sirleaf가 내전으로 폐허가 된 나라를 물려받아 12년간 대통령직을 수행한 것이다. 그녀는 많은 문제를 협상으로 해결했고 각종 제재를 해제했으며 사회 기반 시설을 재건했다. 그리고 2011년 노벨 평화상을 수상했다.

앙겔라 메르켈 Angela Merkel은 2016년 〈타임Time〉지에 의해 '올해의 인물'로 선정됐다. (이 책을 집필 중인 현재 〈타임〉지의 '올해의 인물'로 선정된 여성은 4명뿐이다.) 그녀는 2005년에 독일 총리(여성으로선 최초)가 되었고 유럽 이사회 의장직도 맡았다. 메르켈은 현재 유럽연합 내에서 가장 오래 집권한 정부 수반이다.

인도의 어린이 민족단체를 열두 살 난 아이가 설립했다고?

1966년 인디라 간디는 48세에 인도 최초의 여성 총리가 되었지만 그녀가 정치를 시작한 건 훨씬 어릴 때의 일이다. 그녀의 아버지 자와할랄 네루Jawaharlal Nehru는 인도 독립운동의 리더였고 그녀는 어려서부터 민족주의 운동에 푹 젖어 있었다.

어린이 혁명 전사의 리더

겨우 12세밖에 안 됐을 때 간디는 자신이 너무 어려 국민회의당에 가입할 수 없다는 사실에 크게 낙담했다. (그녀의 아버지는 1929년에 국민회의당 당수가 되었다.) 그래서 간디는 어린이를 위한 민족주의 단체 '바나르 세나(원숭이 여단)'를 설립했다. 이 단체의 이름은 서사시 '라마야나'에서 따온 것으로 그 시에서는 원숭이 집단이 대마왕을 꺾기 위해 영웅인 '라마'를 돕는다. 처음에 간디의 부모는 딸아이의 열정에 감탄하는 정도였으나 첫 모임에 어린 혁명 전사 1,000명이 참석하자 이 아이디어의 잠재력을 인정하게 된다. 그리고 얼마 후 바나르 세나의 어린이 회원은 인도의 독립운동에서 중요한 역할을 맡게 되며 회원 수도 6만 명으로 급증한다. 이들은 각종 깃발을 만들고 감옥에 갇힌 자유 투사에게 편지를 보내고 경찰에 맞서다 부상당한 국민회의당 자원봉사자에게 식량 및 응급처치

지원을 했다. 또한 체포 직전의 자유 투사에게 경고 메시지를 보내기도 했다. 간디는 그들의 리더로서 연설을 하곤 했다.

권좌에 오를 준비를 하다

정치에 대한 이런 열정에도 불구하고 10대 시절의 간디는 여러 측면에서 불우했다. 그녀에겐 형제자매도 없었고 아버지는 정치적 견해 때문에 허구한 날 감옥을 들락날락했으며 어머니는 간디가 18세밖에 안 됐을 때 결핵으로 삶을 마쳤다. 그 무렵 간디는 해외에서 지냈다. 처음에는 스위스의 한 기숙학교에서, 그 뒤에는 영국 옥스퍼드대학교에서 공부했다. 그러나 간디는 국민회의당 가입이라는 어린 시절의 목표에서 잠시도 눈을 뗀 적이 없었고 결국 1938년에 입당한다. 그리고 9년 후 그녀의 아버지는 독립된 인도의 첫 총리가 되었다. '원숭이 여단' 시절은 이제 먼 과거의 일이 되었지만 간디는 아버지에 대한 지원을 중단하지 않았고 가끔 여행에 따라다녔으며 각종 외교 행사에서 퍼스트레이디 역할을 했다. 이 모든 경험은 훗날 간디가 총리 자리에 앉았을 때 큰 도움이 되었다.

또 다른 간디

인디라 간디는 인도 역사상 가장 중요한 인물 중 한 사람인 마하트마 간디Mahatma Gandhi와 성이 같지만 사실 간디는 인도에서 아주 흔한 성이다. 그녀의 아버지 네루는 마하트마 간디의 가까운 측근이긴 했으나 그녀의 유명한 성은 페로체 간디Feroze Gandhi와 결혼하면서 따온 것이다. 그녀는 페로체 간디가 '원숭이 여단'에 가입했을 때 처음 만났다.

누가 암살의 천사라 불렸을까?

1793년 7월 13일, 당시 24세였던 귀족 여성 샤를로트 코르데Charlotte Corday는 무소불위의 권력을 휘두르던 프랑스혁명 지도자 장 폴 마라Jean-Paul Marat의 집 문을 노크했다. 그녀는 마라를 죽이기 위해 온 것이었으며 드레스 안에 칼을 숨기고 있었다.

공포정치에 분노하다

프랑스혁명(1789~1799년) 당시 프랑스의 시민들은 왕정을 무너뜨리고 정부를 장악했다. 혁명의 지도자 마라는 새로 구성된 국민공회의 파리 대표로 〈인민의 벗L'Ami du Peuple〉을 출간했는데 이는 프랑스혁명기를 통틀어 가장 피비린내 났던 1793년의 공포정치에 불을 당긴 선동용 잡지였다. 온건한 공화당원이자 귀족의 딸이었던 코르데는 평화로운 혁명과 입헌정치를 지지했다. 그런 그녀에게 마라는 조국 프랑스를 경멸스런 방향으로 몰고 가는 악의 화신 같은 존재였다.

피비린내 나는 목욕 시간

마라의 집을 두 번 찾아왔다 두 번 다 문전 박대 당했던 코르데는 마라가 '혁명의 적'으로 보고 있던 동료의 이름을 폭로하겠다며 끈질기게 면담을 요청했다. 그녀는 이미 자신의 빚을 다 청산했고 작별 편지도 썼다. 자신의 운명은 이미 결정되어 거사에 성공하면 되돌아갈 길이 없다는 걸 잘 알고 있었던 것이다. 정보를 주겠다는 약속에 마라는 코르데의 면담 요청을 받아들였다. 그러나 그녀가 증오하던 이 권력가는 이미 죽어 가고 있었다. 치유 불가능한 피부병에 걸려 대부분의 시간을 약초 물을 채운 욕조 안에서 보내야 했던 것이다. 그의 피부는 아물지 않는 상처로 썩어 가고 있었고 그는 머리에 터번을 쓰고 어깨에는 리넨 시트를 걸치고 있었다. 마라는 언제든

업무를 볼 수 있게 욕조 옆에 책상을 놓고 앉아 있었다.

마라의 요구에 따라 코르데는 욕조 옆 의자에 앉아 동료의 이름을 대면서 본의 아니게 그들의 사형 집행 영장에 서명을 했다. 그러다가 자리에서 일어나 마라의 가슴에 칼을 꽂았다. 그는 거의 즉사했다고 알려졌다. 마라의 장례식은 순교자의 장례식으로 치러져 장례 행렬이 파리 시내를 지나 팡테옹 국립묘지까지 행진했으며 시신은 그곳에 묻혔다. 반면에 코르데에 대해서는 신속한 재판이 열려 유죄판결과 함께 사형선고가 내려졌다. 폭력적인 방법으로 혁명에 평화를 가져오려는 시도를 한 지 4일 만에 코르데는 단두대에서 머리가 잘렸다. 1847년 역사학자 알퐁스 드 라마르틴Alphonse de Lamartine은 코르데에게 '암살의 천사'라는 애칭을 붙였다.

캔버스 위에 재연된 죽음

자크 루이 다비드Jacques-Louis David의 그림 '마라의 죽음'은 프랑스혁명과 관련해 가장 오래 기억되는 이미지 중 하나다. 다비드는 자코뱅 운동의 공식 화가이자 국민공회 대표였다. 그는 마라를 잘 알았고 마라가 죽기 바로 전날에도 욕조 안에 앉아 있는 그를 만났다. 다비드는 암살 사건 몇 달 후 선동의 일환으로 마라 살해 사건을 그림으로 그려달라는 요청을 받았다. 이 그림은 마라의 이미지를 혁명 순교자로 굳히는 데 일조했다. 욕조며 리넨 시트며 마라의 터번까지 그림은 대체로 사건 당시의 상황을 비교적 정확히 묘사한 걸로 평가되고 있으나 다비드는 그림 속에 코르데를 넣지 않았고 희생자의 피부 상태 또한 무시한 채, 종교적인 그림의 전통에 따라 흠 없는 아름다운 시신으로 그렸다.

도미니카공화국의 '나비들'은 누구였고, 그들은 왜 암살당했을까?

라파엘 트루히요Rafael Trujillo는 31년 동안 도미니카공화국을 통치했다. 그는 1937년에만 약 2만 명의 아이티인을 살해하는 등 잔혹 행위를 많이 저질렀다. 그러나 그는 결국 한 지하운동을 통해 권력에서 축출되는데 그 투쟁을 이끈 사람이 '나비들'로 알려진 세 자매다. 그들의 이름은 파트리아, 미네르바 그리고 마리아 테레사 미라발이었다.

도미니카 '6월 14일 운동'의 미라발 자매

미라발 자매는 중산층 농가에서 자랐고 교육도 잘 받아 그들 모두 1940년대에 대학 학위를 취득했다. 트루히요를 향해 공개적인 반대를 시작한 건 미네르바였다. 그녀는 트루히요의 구애를 세 차례 거부했다가 호된 시련을 당했다. 미네르바는 법대 입학을 거부당했고 아버지가 투옥돼 고문을 당했다.

곧 두 자매가 합류했고 파트리아가 반트루히요 혁명가의 학살을 목격한 날에서 이름을 따온 이른바 '6월 14일 운동'을 시작했다. 그들은 트루히요의 만행을 널리 알리기 위해 팸플릿을 배포하면서 중산층을 상대로 반트루히요 운동을 벌였다. 세 사람은 적극적으로 돕는 남편과 함께 수시로 투옥됐으나 시련은 그들의 투쟁 의지만 다질 뿐이었다.

경찰이 벌인 미라발 자매 살해 사건

불행히도 1960년 11월 25일 투옥된 남편을 면회하고 돌아오는 길에 트루히요의 경찰이 그들을 가로막았다. 세 여성은 구타를 당해 죽었으며 경찰은 사고사처럼 보이게 하려고 그들이 탄 차량을 절벽 밑으로 밀어버렸다. 도미니카 국민에게 세 자매 살해는 마지막 결정타였고 그로부터 6개월 후 트루히요는 결국 암살당했다. 언니들처럼 급진적이지 않았던 네 번째 자매 데데Dedé는 언니의 아이들을 대신 키우고 그들을 기리기 위해 미라발 자매 박물관도 운영했다.

철의 여인 마거릿 대처가 소프트아이스크림을 개발했다고?

정치계에 입문하기 전, 마거릿 로버츠Margaret Roberts는 노벨상 수상자인 옥스퍼드대학교의 화학자 도러시 호지킨Dorothy Hodgkin 밑에서 X선 결정학을 공부했다. 졸업 후 그녀는 화학 연구원으로 취업했고 그 뒤 1949년 J. 라이언스 앤 코의 식품 연구 팀에 합류했다.

더 부드러운 아이스크림을 위해

그녀는 같은 해에 대처Thatcher 부인이 되었고 또 의회 출마를 했다. 전해 오는 이야기에 따르면 라이언스 사에서 대처가 한 일 중 하나는 공기를 넣어 아이스크림이 부풀어 오르게 할 방법을 찾는 것이었다. 소프트아이스크림 제조의 토대가 된 연구다. 소프트아이스크림이 미국에서 처음(대처가 영국 라이언스 사에서 일하기 시작한 것보다 10년 전이라는 말도 있다) 발명됐다는 걸 보여주는 증거는 많지만 미래의 '철의 여인Iron Lady'이 재미있는 일로 사회생활을 시작했다는 건 부인할 수 없다. 대처가 재직할 당시 라이언스 사는 미국 소프티Softee 브랜드와 유사한 레시피를 개발하려 애쓰고 있었다. 그러나 훗날 영국을 비롯한 전 세계에서 소프트아이스크림의 대명사로 통하는 미스터 휘피Mr. Whippy를 매입한 것은 또 다른 영국 브랜드 T. 월 앤 선즈T.Wall & Sons(Wall's)였다.

차가운 공기 덩어리 리더십

대처는 1951년까지 J.라이언스 연구원으로 일했다. 의회에 진출한 것은 1959년이었고 영국 최초의 여성 총리가 된 것은 1979년이었다. 이 소프트아이스크림 이야기는 좌파 정치인이 즐겨 쓰는 우스갯소리가 되었다. 그러니까 그들은 아이스크림에 공기를 더 집어넣어 품질을 떨어뜨린 반면 이익은 높인 일에 일조한 것을 대처 리더십의 상징으로 만든 것이다.

백장미단의 반나치 전단은 누가 만들었을까?

1942년 소피 숄Sophie Scholl은 오빠 한스Hans가 반反나치 지하조직의 일원이라는 걸 알고 충격을 받았으나 곧 오빠를 따라 독일 국민에게 나치의 범죄를 일깨우는 싸움에 동참했다.

히틀러 치하에서의 삶

소도시 시장이었던 그들의 아버지 로버트 숄Robert Scholl은 세금 및 비즈니스 컨설턴트로 일했는데 히틀러 국가사회당의 철저한 반대자였다. 그는 여섯 자식에게 늘 마음을 열고 세상을 보고 삶이 점점 답답해져도 주변에서 일어나는 일에 의문을 가지라고 가르쳤다. 그러나 그런 그의 노력에도 불구하고 한스는 히틀러 청소년 조직에 가입해 분대장이 되었고, 소피는 다른 자매와 함께 독일소녀연맹의 회원이 되었다. 젊은 사람들의 입장에서는 그야말로 짜릿한 시대였다. 제복을 입고 거리를 행진하고 친구들과 함께 캠핑을 하면서 조국과 국민적 자긍심을 재건하는 일에 동참할 수 있었으니까 말이다. 그러나 곧 국가사회당의 접근 방식에 환멸을 느끼게 되면서 숄 남매는 더 이상 그들에게 맹종할 수 없었다.

백장미단 활동의 핵심 남매

1942년 5월, 나치는 유대인을 집단으로 강제수용소로 추방했고 당시 21세였던 소피는 생물학과 철학을 배우기 위해 오빠 한스를 따라 뮌헨대학교에 입학했다. 그러나 공부는 곧 뒷전으로 밀렸다. 한스는 다른 4명의 학생과 함께 저항운동을 시작해 반나치 전단을 뿌렸다. 그들은 자신을 백장미단이라 불렀다. 전단지 배후에 오빠가 있다는 걸 알게 된 소피도 백장미단에 합류했다. 이 단체는 5종의 전단지를 더 만들어 대량 인쇄를 했으며 그걸 가지고 몰래 열차에 올라 독일 각지에 배포했다. 그들은 자신들의 대의를 좀 더 널리 알리기 위해 "히틀러 타도", "자유" 같은 문구를 써서 뮌헨 시청과 다른 공공장소에 붙였다.

그들의 활동은 반향을 불러일으켰다. 여성의 고등 교육에 반대하던 지역 나치스 책임자 파울 기슬러Paul Giesler가 1943년 1월 13일 뮌헨대학교에서 연설을 했을 때 학생들이 항의를 하다 체포되는 일이 벌어진 것이다.

아름답고 화창한 날, 죽음이 대수랴

이후 백장미단은 1,300종의 전단을 더 인쇄했다. 2월 18일 한스와 소피는 뮌헨대학교 캠퍼스 안에서 여섯 번째 전단지를 뿌리다 나치스 당원이었던 수위에 의해 적발됐다. 두 사람은 또 다른 백장미단 회원인 크리스토프 프로브스트Christoph Probst와 함께 게슈타포에게 체포됐다. 장시간의 심문이 이어졌으나 그들은 공범을 밝히길 거부했고 곧 대역죄 혐의로 기소됐다. 그들의 재판은 2월 22일 인민 법정에서 판사 롤란트 프라이슬러Roland Freisler의 주재하에 열렸다. 그들은 법정 대리권도 박탈당했고 재판은 단 한 시간 만에 끝났다. 인민 법정에서 치러진 재판의 90퍼센트는 사형이나 종신형으로 끝났기 때문에 정의가 실현될 가능성은 거의 없었다. 세 사람 모두에게 사형이 선고됐고 세 사람 모두 몇 시간 후 단두대로 보내졌다. 소피가 남긴 마지막 말은 이랬다.

"아, 너무도 아름답고 화창한 날인데, 나는 가야 한다……. 우리의 행동으로 인해 수천 명이 경각심을 갖고 깨어나 준다면 죽음이 뭐 그리 대수랴."

도시 디자인에 자신의 옆모습을 남길 만큼 국민적인 사랑을 받은 퍼스트레이디는?

'에비타Evita'란 이름으로 더 잘 알려진 에바 페론Eva Perón은 평범한 퍼스트레이디가 아니다. 그녀는 남편 후안 도밍고 페론Juan Domingo Perón이 아르헨티나 최고 권좌에 오르기 전에 이미 함께 선거 유세를 다니며 성 고정관념을 깼다. 그녀는 아르헨티나에서 가장 영향력 있는 여성이 되었고 공식 선출된 공무원이 아니었음에도 불구하고 보건 및 노동 관련 부처는 물론 새로운 사회 건설 프로젝트에 지대한 영향을 미쳤다.

국가의 정신적 지도자

에바는 아르헨티나 시골의 가난한 집안에서 태어났으며 10대 때 연기자의 꿈을 좇아 수도로 진출했다. 그러나 에바는 출신이 초라했음에도 불구하고 남편이 대통령이 되자 망설이지 않고 정치 문제에 개입했다. 노동자 가정을 위한 저렴한 주택 2만 5,000호 건설 프로젝트, 정부 보조금을 투입한 식료품점 건설 프로젝트, 여성 주민 500명에게 편안한 거처와 안전을 제공한 산 마르틴 여성 노동자 가정 프로젝트 등 각종 건설 프로젝트 개발을 진두지휘했다. 그녀는 또 에바 페론 재단과 여성 페론주의 당을 설립해 노동자와 가난한 사람들의 생활 여건을 개선하고 여성의 권리를 신장하는 운동도 벌였다. 1952년 에바가 세상을 떠난 직후, 아르헨티나 의회는 그녀에게 '국가의 정신적 지도자'라는 직함을 수여했다.

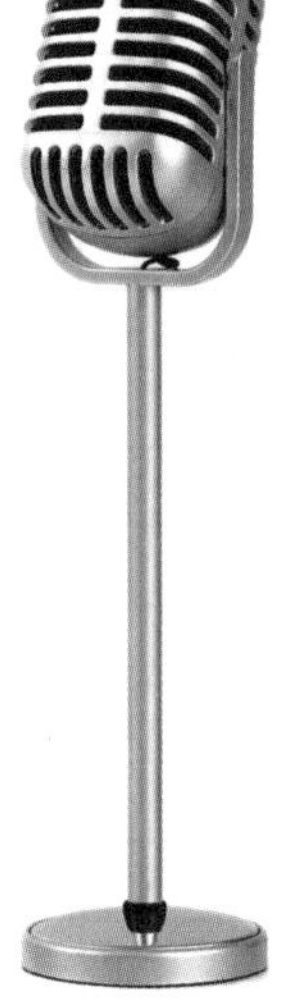

시우다드 에비타

1947년 부에노스아이레스 교외에 건설된 시우다드 에비타, 즉 에비타 시는 대표적인 페론주의 결과물 중 하나다. 이 새로운 도시는 이름을 퍼스트레이디의 이름에서 따오는 것만으로는 충분치 않다는 듯, 도시의 레이아웃까지 에바의 얼굴 옆모습을 따라 했다. 에바의 다른 주택 프로젝트와 마찬가지로 이 노동자 도시에는 캘리포니아풍 방갈로가 늘어서 있다. 이 도시는 그 이후에도 계속 추가 개발되었지만 지금도 도시 전체의 항공사진을 보면 에바의 얼굴 옆모습과 그 특유의 올림머리 모습이 드러난다. 이 도시는 1955년 군부 쿠데타로 대통령이 축출된 이후 이름이 두 차례 바뀌었으나 그 이후 다시 원래 이름을 되찾았다. 이 도시는 1977년 국립 역사 기념물로 선포되었으며 현재 약 7만 명이 거주하고 있다.

자매들이여, 여기 있습니다!

에바 페론은 1947년 9월 23일 부에노스아이레스에 있는 대통령궁 발코니에서 군중을 향해 행했던 연설로 가장 잘 알려져 있다. 그녀는 이렇게 입을 열었다. "자매들이여, 여기 있습니다!" 국회에서 승인되고 남편이 막 서명한 새로운 법률을 가리키는 말이다. 아르헨티나 여성에게 남성과 똑같은 정치적 권리, 그러니까 투표할 수 있는 권리와 공직에 출마할 수 있는 권리를 주는 법률이었다. 에바는 남편의 대통령 재임 중 여성참정권을 쟁취하려는 아르헨티나인의 투쟁에 큰 영향을 미쳤는데 이 역사적인 변화는 그 같은 노력의 정점이었다. 많은 사람이 남편과 함께 부통령에 출마하라고 권했지만 군부가 반대하고 건강까지 안 좋아 그럴 수가 없었다. 에바는 큰 인기를 누렸지만 그녀의 페미니즘을 남편의 선거를 승리로 이끌려는 정치적 전략으로 보는 사람도 있다. 실제 1951년 에바를 비롯한 여성 400만 명이 생전 처음 투표를 함으로써 후안 도밍고 페론은 두 번째 대통령 임기를 확보했다.

워싱턴 정치계를 주무르는 보이지 않는 손은 여성 사교계에 있다고?

과거 선술집 딸이자 미망인이었던 마거릿 '페기' 팀버레이크Margaret Peggy Timberlake가 1829년 두 번째 남편 존 이튼John Eaton과 결혼했을 때, 그녀는 자신의 두 번째 결혼이 워싱턴 사교계와 앤드루 잭슨Andrew Jackson의 대통령직 수행에 영향을 미칠 것이라고 전혀 생각지 못했다.

불륜 스캔들과 노골적인 따돌림

페기의 아버지는 워싱턴에서 유명한 하숙집 겸 선술집을 운영했으며 그녀는 성장 과정에서 미국 정계의 엘리트를 자주 접할 수 있었다. 남자들과 자주 어울리며 그 시대 여성으로서는 생각하기 힘든 대화에도 자주 참여했다. 페기는 해군 사무장이던 그녀의 첫 번째 남편 존 팀버레이크John Timberlake가 죽고 나서 바로 상원의원 존 이튼과 결혼했다. 워싱턴 정가의 아내들은 분개했다. 성적으로 조숙했던 페기가 이튼과 불륜 관계였고 그 때문에 팀버레이크가 자살했다는 소문이 파다했던 것이다. 그래서 부통령 존 C. 칼훈John C. Calhoun의 아내 플로리드Floride가 이끌던 여성 사교 모임은 새로운 각료의 아내 페기를 환영하기는커녕 따돌렸다. 여성들이 페기를 따돌린 방법은 아주 간단했다. 그녀를 방문하길 거부한 것이다. (그게 당시에는 아주 큰 사회적 모욕이었다.)

대통령의 뼈아픈 동병상련

앤드루 잭슨 대통령은 격노했다. 그는 각료 회의를 소집해 아내들에게 당장 따돌림을 멈추고 새로운 부부를 받아들이게 하라고 지시했다. 그러나 늘 잭슨 대통령 편이던 홀아비 국무장관 마틴 반 뷰렌Martin Van Buren을 제외하고는 상당한 저항이 있었다. 잭슨이 이튼을 육군장관으로 임명하려 했을 때 각료들은 페기의 평판을 이유로 그 임명에 반대했다. 당시 잭슨 대통령은 이렇게 말했다고 알려졌다. "여러분은 지금 내각 구성에 필요한 인물을 뽑는 데 워싱턴 정가 여성들의 자문이나 받으라고 국민들이 나를 이 자리에 앉힌 줄 압니까?" 그리고 얼마 후 그는 내각을 해체하여 자기 아내 편을 들던 각료 상당수를 워싱턴에서 멀리 떨어진 자리로 보내버렸다.

잭슨은 이튼 부부를 대하는 사람들의 태도를 아주 안 좋게 받아들였는데 거기엔 그럴 만한 이유가 있었다. 대통령에 당선되기 전 그와 레이첼 로바즈Rachel Robards의 결혼은 당대의 스캔들이었다. 레이첼은 잭슨과 결혼할 당시 전남편과 이혼 절차를 밟고 있었는데 잭슨이 대통령에 출마하자 반대자들이 집요하게 이 문제를 걸고넘어졌다. 레이첼의 건강이 악화된 것도 그때였다. 심장과 폐 쪽에 병이 있었는데 선거로 인한 스트레스와 우울증 때문에 그녀의 상태가 더 악화된 걸로 보인다. 그리고 남편의 대통령 당선을 3주 앞두고 레이첼이 세상을 떠나자 잭슨은 그녀를 죽인 건 반대자들이라며 분노를 표했다.

오래 지속된 분열

스캔들의 후유증은 오래갔다. 이튼은 1831년에 공직에서 물러나 페기와 함께 스페인으로 건너가 마드리드에서 목사 생활을 했으며, 반 뷰렌은 잭슨에 대한 충성심을 보답 받았다. 잭슨은 1832년 부통령 칼훈을 제치고 반 뷰렌을 러닝메이트로 삼았고 1836년 반 뷰렌은 대통령 선거를 성공적으로 마치게 적극 지원했다. 잭슨과 칼훈 진영 간의 반목은 한동안 이어져 급기야 1831년에는 연방법 실시 거부 파동이 일어났다. 칼훈의 지지를 받는 사우스캐롤라이나주가 연방에서 탈퇴하려 한 것이다. 이 문제에 관한 한 잭슨 진영이 칼훈 진영보다 더 강했고 그래서 남북전쟁이 30년 정도 미뤄진 것으로 보인다.

어떤 귀부인이 선거에 이기기 위해 유권자에게 키스를 해주었을까?

1784년 영국에서는 아주 소수의 사람들에게만 투표권이 주어졌다. 남자여야 했고 신교도여야 했고 도시에 따라 정해진 온갖 기준에 맞아야 했다. 그러나 일부 여성들은 그런 제약에 아랑곳없이 웨스트민스터 거리로 나가 자신이 좋아하는 후보를 찍어 달라며 선거운동을 했다.

폭스에게 한 표를

휘그당의 상징인 파란색 및 노란색 옷을 입고 머리에 여우 꼬리(Charles Fox를 지지하는 의미)를 얹고 다닌 데번셔 공작 부인 조지아나 캐번디시Georgiana Cavendish는 찰스 폭스의 가장 유명하고도 열렬한 지지자 중 한 사람이었다. 왕의 신임이 정치생명을 유지하는 데 더없이 중요한 시대에 영국 왕 조지 3세는 폭스의 정치적 신념과 성격을 경멸했고 그래서 폭스는 가능한 모든 도움을 받아야 했다. 당시 조지아나는 자신의 런던 저택인 데번셔 하우스의 도박 테이블에 자주 모습을 드러냄으로써 은연중에 정계에 발을 들여놓고 있었다. 그리고 바로 그 데번셔 하우스에서 각종 정치적 동맹이 맺어졌고 또한 귀족 출신 정치인이 도박을 후원의 한 형태로 활용했다.

유권자에게 키스를

선거운동에 관한 한 조지아나는 집 안에 머물러 있기보다는 귀부인답지 않게 폭스와 몇몇 다른 부유한 여성들과 함께 거리로 나가 폭스의 정책을 적극 홍보했다. 폭스의 반대자들은 이런 걸 역이용해 자신들의 연설에서 공작 부인을 조롱했고 심지어 그녀를 매춘부에 비유하기도 했다. 조지아나는 표를 얻기 위해 투표권도 없는 도살업자와 일반 서민들에게 키스를 해주었다는 비난까지 받았다. 그게 사실이든 아니든 그녀의 활동은 효과가 있어 폭스는 선거에서 가까스로 자기 자리를 지켰다.

정치

POLITICS

어깨 보호대도 가두연설도 당신을 지켜주지 못한다.
정치적인 사람이 되어 얼마나 많은 것을 기억하나 직접 테스트해 보라.

Questions

1. 아이슬란드의 비그디스 핀보가도티르는 어떤 일에서 세계 최초의 여성이었나?
2. 마거릿 대처는 옥스퍼드대학교에서 무엇을 공부했는가?
3. 미국 최초의 여성 시장 수재나 솔터는 어떤 영향력 있는 여성 단체의 일원이었나?
4. 자크 루이 다비드의 그림 '마라의 죽음'에서는 어떤 유명한 인물이 빠졌나?
5. 어떤 도시에서 시우다드 에비타를 찾을 수 있을까?
6. 플로리드 칼훈은 무엇을 거절한 것으로 유명한가?
7. 공작 부인인 조지아나 캐번디시는 투표권도 없는 도살업자에게 무엇을 제공했다고 비난 받았나?
8. 미라발 자매는 어떤 도미니카공화국 지도자에게 반기를 들었는가?
9. 소피 숄은 한동안 어떤 히틀러 청소년 단체의 일원이었나?
10. 인도의 어린이를 위한 20세기 민족주의 단체의 이름은 무엇인가?

Answers

정답은 210페이지에서 확인하세요.

FEMINISM

페미니즘

세계에서 성차별이 가장 적은 나라는 어디일까?

스타킹 색깔과 페미니스트 자격은 무슨 관계가 있을까?

18세기 영국에서는 여성이 교육 받는 건 드문 일이었고 공식적인 배움의 기회도 거의 없었다. 런던대학교에 여성의 입학이 허용된 것은 1868년이다. 그러나 런던의 여성 지식인 입장에서는 이 정도로 충분치 않았고, 그래서 블루스타킹이 탄생했다.

'블루스타킹'의 철학자들

1750년대부터 귀족들의 사교 시즌에 엘리자베스 몬터규Elizabeth Montagu, 프랜시스 보스카웬Frances Boscawen, 엘리자베스 베시Elizabeth Vesey 같은 유명한 여성들이 문학 모임을 주최하는 여성의 호화 저택에 모여 티타임을 가지며 독서 토론을 하기 시작했다. 파리의 살롱식으로 의자는 반원 형태로 세팅되는 경우가 많았고 모임을 주최한 여성이 대화를 이끌었다. 이런 모임은 화가나 작가가 인맥을 쌓거나 후원을 받을 기회가 됐다. 그리고 이런 모임은 여성만 참석하는 것이 아니어서 비평가 겸 작가 새뮤얼 존슨Samuel Johnson이나 배우 데이비드 개릭David Garrick 같은 남성도 자주 참석했다.

그러던 어느 날 남성 식물학자인 벤자민 스틸링플리트Benjamin Stillingfleet가 파란색 모직 스타킹을 신고 모임에 참석했다. 격식을 차려야 하는 고상한 사교 모임에서는 흰색 스타킹을 신는 게 보통인데 편한 작업복에나 어울릴 파란색 스타킹을 신고 나타난 것이다. 스틸링플리트의 스타킹을 받아들여 그 모임은 비공식적으로 '블루스타킹 모임'이라 불리게 된다. 이는 이런 모임과 그 참석자가 얼마나 창의적

새로운 문학 출판물

최초의 '블루스타킹' 그룹은 활동을 페미니스트 사회 내에 국한하지 않고 일반 여성에게도 책을 읽고 사상을 논할 것을 권했다. 덕분에 귀족에 대한 거부감이 줄어든 교육받은 여성이라는 새로운 여성상이 생겨났다. 이후 제1차 페미니스트 운동이 절정에 달했을 때 블루스타킹이란 용어가 한 일본 잡지의 제목으로 등장했다. 페미니스트 단체인 블루스타킹 소사이어티가 잡지 〈세이토〉(블루스타킹)를 창간해 1911년부터 1916년까지 운영한 것이다. 이 잡지는 엠마 골드만Emma Goldman과 엘렌 케이Ellen Key 같이 영향력 있는 작가와 여성참정권론자 등 전 세계 여성 작가의 문학작품을 번역 출판했다. 아직 여성에게 권리도 없고 지독하게 가부장적인 문화가 지배하던 일본에선 대단히 급진적인 출판물이었다.

이며 평등을 중시하는지를 잘 보여준다.

한동안 모든 남녀 참석자를 '블루' 또는 '블루스타킹'이라 불렀으며 1770년대에 이르러서는 원래의 모임에 참석했든 하지 않았든 관계없이 여성 지식인을 지칭하는 용어로 쓰이게 된다. 이 용어는 더 널리 퍼져 19세기에 이르러 유럽 전역에서 '블루스타킹'을 볼 수 있었다.

도시를 붉게 물들이다

1960년대 말부터 1970년대까지 이어진 제2차 페미니스트 운동에서는 다시 여성들의 모임이 나타나는데 이번에는 대규모로 모여 페미니스트 아이디어에 대해 논하거나 각종 시위를 이끌었다. 미국 '급진적인 뉴욕 여성New York Radical Women'의 젊은 회원들은 '전미 여성 기구National Organization for Women'가 추구하는 합법적인 변화는 자신들의 이상과는 맞지 않다고 생각했다. 그들은 결국 '레드스타킹Redstockings(빨강은 혁명을 상징)'이라는 단체를 결성해 독립, 행동 중심의 페미니스트 운동에 매진했다. 슐라미스 '슐리' 파이어스톤Shulamith 'Shulie' Firestone과 엘렌 윌리스Ellen Willis가 설립한 이 단체는 1969년 뉴욕에서 열린 낙태법 개혁 공청회에 참석해 처음으로 자신들의 존재를 알렸다. 그런데 이 공청회에 참석한 의료 전문가와 정신과 전문의 15명 가운데 14명이 남성이었다. 레드스타킹은 그다음 달 자체적으로 낙태 관련 공개 토론회를 개최했고 여러 여성이 사람들 앞에서 자신의 개인적인 경험을 들려주었다. 이 단체는 지금 여성 해방 문제를 다루는 풀뿌리 싱크탱크로 활동 중이다.

테니스 남녀 간의 성 대결은 어떻게 해서 벌어진 것일까?

1973년 은퇴한 미국 테니스 챔피언 바비 릭스Bobby Riggs는 테니스에서는 남성이 여성보다 강하며 자신은 그 어떤 최고 여성 선수와 붙어도 이길 수 있다고 호언장담했다. 여성에게 공개적으로 도전장을 던진 것이다. 그리고 그 도전을 받은 여자 선수가 바로 빌리 진 킹Billie Jean King이었다.

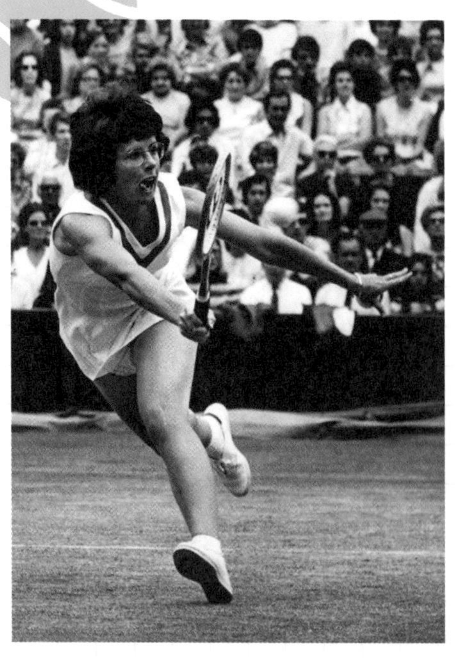

어머니의 날 대학살

이 시범 경기는 남녀 간의 성 대결이 되었고 9월 20일 미국 텍사스주 휴스턴에 있는 애스트로돔에서 열렸다. 그러나 이 경기가 릭스가 상대적으로 우월한 남성의 스포츠 역량을 입증하기 위해 여자 선수를 상대로 벌인 첫 경기는 아니다. 킹은 1972년에 1위에 오른 여자 선수였고 릭스의 도전을 제일 먼저 받아들인 건 1973년도 챔피언 마거릿 코트Margaret Court였다. 그러나 '성 대결'이 벌어지기 단 몇 달 전에 열린 그 경기는 릭스가 2세트(6-2, 6-1)를 너무 쉽게 이겨 '어머니의 날 대학살'이라 불렸다. 릭스는 그 경기에 대비해 하루에 6시간씩 연습했고 하루에 비타민을 415알이나 먹는 등 아주 엄격한 영양식을 했다. 그야말로 여자 테니스계의 치욕스런 패배로 릭스의 주장이 맞다는 걸 입증한 경기였다. 그 뒤 남성 우월주의적인 릭스의 오만함을 보다 못한 킹이 다시 그의 도전을 받아들인다.

여자 우승자도 똑같은 상금을 달라

10만 달러의 상금과 위기에 처한 여자 테니스의 명예가 걸린 릭스와의 경기를 앞두고 킹은

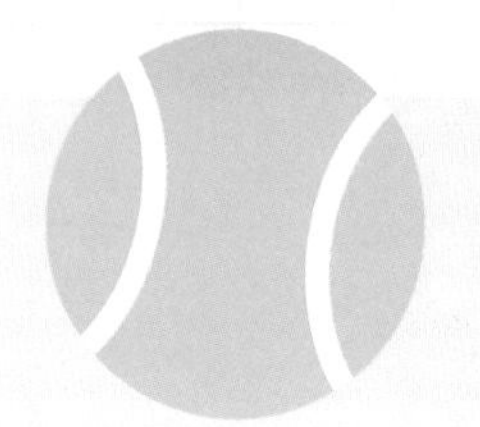

그 경기에 쏠린 매스컴의 관심을 이용해 테니스계의 불평등에 대한 불만을 털어놓았다. 그녀는 윔블던 대회를 1주 앞두고 런던에서 60명이 넘는 여자 선수를 끌어모아 모임을 결성했다. (훗날 여자 프로 테니스를 주관하는 여자 테니스 연맹Women's Tennis Association으로 발전된다.) 킹은 또 남성과 여성 챔피언에게 똑같은 상금을 주지 않을 경우 1973년도 U.S. 오픈을 보이콧하겠다고 압력을 넣었다. 결국 그녀의 요구는 받아들여졌다. 메이저 테니스 토너먼트 사상 처음 있는 일이었다.

여성의 승리를 보여준 전쟁

경기는 시작부터 볼거리를 제공했다. 킹은 상의를 벗은 남자들이 멘 가마 같은 것을 타고 나타났고 릭스는 거의 나체나 다름없는 여성들에 둘러싸인 채 인력거 같은 것을 타고 나타났다. 킹은 경기 해설자 자리에 여성 혐오론자인 투어 프로모터 잭 크레이머Jack Kramer가 있으면 경기를 하지 않겠다고 했고 ABC 방송 측은 즉석에서 그를 해고했다. 릭스는 후원 계약에 따라 돈을 받기로 하고 첫 세 경기를 슈거 대디 재킷을 걸치고 뛰었다. 그러나 막상 뚜껑을 열자 경기는 그야말로 '원 우먼 쇼one-woman show'였다. 킹은 3세트 내리 릭스를 격파해(6-4, 6-3, 6-3) 전 세계 페미니스트가 안도의 한숨을 쉬게 했다.

9,000만 명의 시청자

릭스와 킹의 경기가 있던 날 경기장에는 무려 3만 472명이 입장했다. 테니스 경기 사상 가장 많은 관중이 모인 생방송 경기로 이 기록은 37년간 유지된다. (이 기록은 2010년 킴 클리스터스Kim Clijsters가 세레나 윌리엄스Serena Williams를 꺾는 걸 보려고 3만 5,681명의 관중이 벨기에 브뤼셀 킹 보두앵 스타디움에 입장하면서 깨졌다.) 이 경기는 TV 황금 시간대에 중계되어 미국에서 약 5,000만 명, 전 세계에서 약 9,000만 명이 시청한 모든 시대를 통틀어 가장 많은 시청자 수를 기록한 TV 중계 스포츠 행사 중 하나가 되었다.

세계에서 성차별이 가장 적은 나라는 어디일까?

2017년 아이슬란드는 세계경제포럼에서 내놓은 글로벌 성별 격차 지수에서 아홉 번째로 1위에 올랐다. 이 지수는 경제 참여도, 경제적 기회, 교육 수준, 건강 및 생존, 정치적 권리 등을 고려해 144개 국가의 성 평등 수준을 측정한다. 미국(49위), 러시아(71위), 중국(100위) 등 세계적인 경제 대국은 등수가 아주 낮아 아이슬란드라는 이 조그만 페미니스트 국가로부터 배울 게 많다.

평등의 법률화

1961년에 이미 남녀 간 급여 평등법이 제정됐음에도 불구하고 아이슬란드는 2017년에 기업과 정부 기관으로 하여금 남녀 모두에게 반드시 동등한 급여를 지불할 것을 요구하는 새로운 법을 제정해 급여 평등을 더 강화했다. (이 무렵 미국은 남녀 급여 격차가 18%였는 데 반해 아이슬란드는 5.7%였다.) 이 새로운 법은 2016년 여성들이 지속적인 급여 차별에 항의해 파업을 벌이는 등 대규모 항의가 계속 이어지면서 생긴 것이다. 이 모든 일은 1975년 10월 24일 아이슬란드 전체 여성의 90퍼센트가 파업을 벌여 동등한 급여와 공평한 대우를 요구한 전철을 밟았다.

여성이 대접받는 나라

아이슬란드는 페미니즘 전통이 아주 강한 나라로 1915년에 여성에게 투표권이 주어졌고 1980년에는 세계 최초로 민주적으로 선출된 여성 대통령이 탄생했다. 2016년에는 아이슬란드 의회의 선출직 의원 가운데 무려 48퍼센트가 여성이었다. 현재 아이슬란드 민간 기업의 이사회는 적어도 40퍼센트가 여성으로 구성되어야 한다.

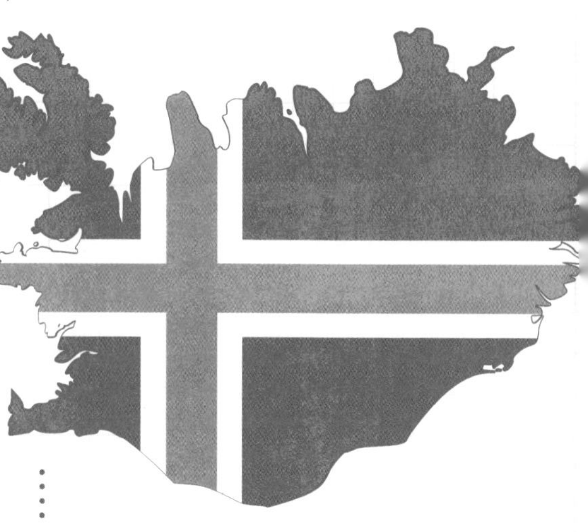

카스트 제도와 성차별을 이겨낸 인도 여성 교육의 선구자는 누구일까?

'인도 페미니즘의 어머니'로 불리는 사비트리바이 풀레Savitribai Phule는 19세기 인도에서 어린 소녀와 여성의 권리를 쟁취하기 위해 또 비인간적이고 억압적인 카스트제도에 맞서기 위해 끊임없이 노력했다.

인도 최초의 여성 교사

인도의 카스트제도는 수 세기에 걸쳐 힌두교 신자를 서로 다른 계급으로 엄격히 갈라놓았다. 사비트리바이는 1831년 인도 마하라슈트라에서 낮은 카스트 계급으로 태어나 교육을 받지 못했다. 9세 때 13세의 즈요티라오 풀레Jyotirao Phule와 결혼했는데 그의 숙모는 풀레가 사회적 신분이 낮아도 학교에 다녀야 한다고 주장했다. 풀레는 여자도 교육을 받아야 한다고 믿었고 집에서 비공식적으로 아내를 가르쳤다. 사비트리바이는 푸네와 아마드나가르 지역으로 옮겨 교육을 이어 갔고 교사가 되기 위한 훈련을 받아 결국 인도 최초의 여성 교사가 된다. 교사 교육을 마친 뒤 이 부부는 1848년 인도 최초의 여학교를 열었고 사비트리바이가 교장이 되었다. 두 사람은 1875년 기근으로 생겨난 고아들을 위해 기숙학교를 비롯해 수십 개의 학교를 세웠다. 사비트리바이는 남편을 도와 모든 계급의 평등을 쟁취하기 위한 급진적인 교육기관인 사티야쇼드하크 사마즈를 설립하기도 했다.

차별과 억압에 온몸으로 맞선 두 사람

이 부부가 인도 사회에 기여한 일은 너무도 많다. 그들은 임신한 미혼 여성과 성폭력 피해자를 위한 보금자리를 만들었고 미망인의 머리를 미는 관습에 반대하는 운동도 벌였으며 미망인의 재혼을 지지하기도 했다. 다른 계급 간의 결혼에 주례를 섰으며 최하층 계급에 속하는 이른바 '불가촉천민'이 자기 물탱크에 있는 물을 마시는 걸 환영했다. 사비트리바이는 이 모든 일을 온갖 역경과 적대감 속에서 해냈다. 2014년에는 이 부부를 기리기 위한 사비트리바이 풀레 푸네 대학교가 생겼다.

여성참정권 운동가 에밀리 데이비슨은 왜 경마 트랙 안으로 난입했을까?

1913년 6월 4일 영국 서리의 엡섬 경마장에는 유명한 더비 경마 대회를 보기 위해 그야말로 선남선녀가 다 모였다. 수천 명의 관중 중에는 조지 5세와 메리 여왕 그리고 위법적인 시위로 잘 알려진 영향력 있는 여성참정권 운동가 에밀리 와일딩 데이비슨Emily Wilding Davison도 끼어 있었다.

왕의 말 앞에서 벌인 침묵시위

왕의 말 앤머Anmer도 경주에 참가했다. 그러나 경주마가 그 유명한 태터넘 코너를 돌아 귀빈석으로 이어지는 마지막 직선로를 내달릴 때 앤머는 끝에서 세 번째였다. 기수는 허버트 존스Herbert Jones로 그는 영국 국기를 입고 있어 금방 눈에 띄었다. 상상도 할 수 없는 일이 벌어진 건 바로 그때였다. 한 여성이 방호벽을 넘어 트랙 안으로 뛰어든 것이다. 그녀는 손에 여성참정권 깃발을 든 채 앤머 앞을 가로막고 서서 잠시 침묵시위를 벌였고 곧바로 앤머한테 들이받혔다. 존스와 데이비슨은 바닥에 쓰러졌고 잠시 후 앤머는 다시 일어나 혼자 결승선을 향해 달려갔다.

말이 아닌 행동으로 보여준다!

데이비슨이 극단적인 행동을 벌인 것은 그날 더비 경마 대회가 처음이 아니었다. 그녀는 에멀라인 팽크허스트Emmeline Pankhurst가 세운 전국여성참정권단체연합에서 갈라져 나온 호전적인 단체 여성사회정치연맹 일에만 전념하기 위해 학교 교사 일까지 그만두었다. 그리고 의회 회기를 엿듣기 위해 하원 의사당 통풍구 안으로 숨어들기도 하고 런던 시내 우체통에 불을 붙이기도 하고 창문으로 '폭탄'이라고 쓰인 금속 공을 던져 넣기도 하는 등 정

말 많은 행동을 계획하고 실행에 옮겼다. 데이비슨은 여러 차례 감옥에 갔으나 자신이 들어간 감방을 물에 잠기게 하고 항의의 뜻으로 단식투쟁을 벌여 고통스런 강제 급식을 당하기도 했다.

대의를 위해 죽기로 결심하다

존스는 갈비뼈가 나가고 뇌진탕을 당했으나 곧 다시 말을 탔다. 데이비슨은 사고 이후 4일 만에 장기 손상으로 세상을 떠났다. 왕의 어머니인 알렉산드라 여왕은 존스에게 편지를 보내 쾌유를 빌었고 데이비슨에게는 '잔인무도한 미치광이'라며 비난했다. 데이비슨의 행동은 대개 정신 질환의 결과로 받아들여졌다. 사람들은 데이비슨이 말을 멈추려 했을 거라고 생각했다. 오늘날 데이비슨이 스스로 목숨을 끊을 생각이었다는 추정에 대해선 이견이 많다. 핸드백 안에는 왕복 열차표가 있었던 데다 그날 저녁에 열릴 예정인 여성참정권 모임 초대장도 있었기 때문이다. 그녀는 조만간 언니와 함께 휴가를 보낼 계획까지 짜놓고 있었다. 다른 카메라 3대에 찍힌 그날 경주 장면을 최근 분석한 바에 따르면 데이비슨은 앤머를 세울 상황은 못 됐지만 앤머의 굴레에 여성참정권 캐치프레이즈가 새겨진 깃발을 붙이려 했던 것으로 보인다. 그녀의 몸에선 깃발 2개가 발견됐다. 데이비슨과 다른 여성들이 더비 경마 대회를 앞두고 한 공원에서 말을 잡는 연습을 했으며 누가 더비 대회에 갈 건지를 놓고 제비뽑기를 했다는 얘기도 있다.

캐나다의 여성참정권 구현을 앞당긴 것은 한 편의 연극이었다?

매니토바정치평등연맹은 캐나다 매니토바주 여성 공장 노동자의 근무 여건을 변화시키려 애쓰는 활동가 단체다. 그러나 투표를 통하지 않고서는 여성이 진정한 변화를 끌어낸다는 게 쉽지 않았다. 1914년 1월 28일 바로 전날, 매니토바주 의회에서 주지사 로드먼드 로블린 경Sir Rodmond Roblin을 향한 탄원이 무위로 끝나자 여성들은 위니펙 워커 극장에서 시사성 있는 문제를 다루는 여흥의 밤 행사를 마련했다.

코믹한 연극, 하지만 엄중한 행사

그날 행사에는 투표권 노래, 영국 연극 〈어떻게 투표에서 이겼는가〉, 〈한 여성의 의회〉, 매니토바주 정치인을 풍자하는 모의 의회 연극 등이 포함되어 있었다. 모의 의회 연극은 캐나다 여성의 투표권 쟁취 운동에 큰 기여를 했다. 넬리 매클렁Nellie McClung과 그녀의 동료는 위니펙 극장에서 연극을 하며 20년 정도 된 전통을 살렸다. 모의 의회 연극은 여성들이 직접 각본을 쓰고 연기도 하는 공동 창작 작업이다. 온타리오주와 브리티시컬럼비아주에서 행해지는 모의 의회 연극도 유명했는데 대개는 여성에게 투표권을 허용하라는 호소 뒤에 모의 의회 연극이 행해졌다. 위니펙 모의 의회 연극은 코믹한 장면으로 가득 차 있었지만 행사의 엄중함은 판매 중인 팸플릿에 분명히 드러난다. 팸플릿은 여성의 투표권과 관련된 문제의 중요성을 잘 말해주고 있었다.

연극 속에 숨겨진 뼈아픈 주장

연극 무대는 진짜 의회처럼 꾸몄다. 두 줄의 의자가 서로 마주보며 늘어서 있고 그 사이의 연단 위에 의장이 앉아 있다. 여성 '의원'은 검은색 망토를 입고 앉아 신문을 읽다가 중간중간 누군가가 발표를 하면 야유를 퍼부었다. 그러면서 그들은 그날의 중요한 정치 문제, 그러니까 남성의 복장 문제(실제 의회에서 논의되고 있던 복장 개혁에 대한 풍자)와 홀아비에게 재산권을 허용하려는 법안을 비롯한 재산권 개혁 문제(당시의 여성은 남편이 죽을 경우 그 재산에 대한 법적 권리가 거의 없었다)에 대해 논의했다.

매클렁은 그 전날 주의회에 보내는 마지막 호소문을 읽었고 모의 의회 연극에서 주지사 로드먼드 로블린 경 역을 맡기로 선정됐다. 그녀는 로블린 경에 대해 많은 연구를 해 전해 오는 얘기에 따르면 그의 버릇과 과장된 웅변 스타일을 기막히게 잘 흉내 냈다고 한다. 의회는 마침내 그날의 가장 중요한 문제, 즉 남성들에게 투표권을 줄 것인가 말 것인가 하는 문제를 논의하기 시작했다. 매클렁은 로블린의 어투를 교묘히 이용해 자신의 주장을 펼쳤다. 로블린이 '여성에게 투표권을 주면' 이혼율이 올라가게 될 거라고 말한 대목을 매클렁은 '남성에게 투표권을 주면'으로 바꿔 말했다. "오, 안 돼요. 남성은 투표보다 더 높고 더 나은 뭔가를 위해 만들어진 존재입니다." 그녀는 이렇게 말을 이었다. "문제는 남성들이 투표를 하기 시작하면 너무 많은 것에 찬성표를 던질 거고 …… 일단 남성들한테 투표하는 습관이 생기면 그게 대체 어디서 끝날 거 같습니까?" 매클렁은 귀에 거슬리는 웃음을 흘리며 이렇게 말했다. "이제 그들을 집에 묶어두기 힘들어진다는 겁니다!"

최초의 여성 투표권과 공직 출마권

세 곳(위니펙에서 두 군데, 브랜던에서 한 군데)에서 만원사례를 이룬 이 모의 의회 연극은 그 충격파가 대단했고 가뜩이나 자금이 필요한 여성참정권론자에게 많은 수익을 안겨주었다. 그리고 여성들이 로블린과 그 동료를 흉내 낸 모의 의회 연극을 하고 나서 정확히 2년 후 매니토바주는 여성에게 투표권과 공직 출마권을 허용한 첫 주가 되었다.

"문제는 남성들이
투표를 하기 시작하면
그들을 집에 묶어두기
힘들어진다는 겁니다!"

"우리는 할 수 있다!"의 주인공, 리벳공 로지는 누구였을까?

제2차 세계대전 중이던 1943년 웨스팅하우스 일렉트릭 사는 화가 J. 하워드 밀러J. Howard Miller에게 공장 직원의 사기를 높이고 결근율을 낮춰줄 포스터 42장을 만들어 달라는 부탁을 했다.

리벳공 로지의 맹활약

'리벳공 로지Rosie the Riveter'라는 포스터에는 붉은색 물방울무늬 머리 스카프에 멜빵바지를 걸친 갈색 머리 여성이 소매를 걷어붙이고 있는 모습이 그려져 있었다. 그녀의 머리 위에는 "우리는 할 수 있다!We Can Do It!"란 말이 적혀 있다. 이 포스터는 당시에는 널리 알려지지 않았으나 1980년대 들어와 페미니스트가 대의명분에 맞춰 재사용하면서 널리 알려졌다. 이 이미지의 제목은 배가본드The Vagabonds의 1943년 노래에서 따왔으며 노먼 록웰Norman Rockwell이 그린 전시의 그림에도 같은 제목이 붙었고 〈새터데이 이브닝 포스트Saturday Evening Post〉지 표지에도 등장했다. 록웰의 그림에서도 로지는 파란색 작업용 점프 슈트를 입고 있다. 그녀는 자기 이름이 적혀 있는 도시락에서 샌드위치를 꺼내 먹고 있다.

로지의 실제 모델은 누구인가

화가 하워드 밀러는 '리벳공 로지'의 모델이 누구인지 공식적으로 밝힌 적이 없지만 물방울무늬 스카프를 머리에 두른 채 공업용 선반 앞에 서 있는 한 여성의 사진에서 영감을 얻었다고 널리 알려졌다. 1942년 한 공장에서 금속 압착기공으로 일한 제럴딘 호프 도일Geraldine Hoff Doyle이 1980년대에 로지가 사진 속의 자신이 맞다고 한 것이다. 그러나 2016년에 들어와 그 사진이 실은 캘리포니아주 앨러미다에 있는 한 해군 항공기지에서 찍은 것이며 사진 속의 여성이 실은 나오미 파커 프랠리Naomi Parker Fraley라는 게 밝혀졌다.

여성이 투표권을 쟁취한 첫 번째 나라는 어디였을까?

전 세계 여성의 투표권 쟁취 역사를 살펴보면 그 변화는 아주 느리게 일어났다. 예를 들어 영국의 경우 여성의 투표권 법안이 처음 의회에 제출된 것은 1832년이었으나 남녀 모두에게 보편적인 투표권이 주어진 것은 거의 1세기 후인 1928년이었다.

세금을 내는 미망인과 독신녀에게

많은 나라의 일부 여성은 전국적인 선거 투표권을 쟁취하기에 앞서 먼저 시의원 선거나 교육위원 선거 같은 지방선거에서 투표권을 행사할 수 있었다. 결국 이 같은 지방선거 투표권이 전국적인 투표권 쟁취 운동의 토대가 됐으며 지방선거 투표권을 허용한 국가가 대개 전국적인 선거 투표권, 즉 보통선거 투표권도 먼저 허용했다. 여성에게 제일 먼저 지방선거 투표권을 허용한 국가는 스웨덴으로 이 나라에선 1862년 세금을 내는 미망인과 독신녀에게 투표권이 주어졌다. 바로 그 뒤 핀란드와 보헤미아 지역에서 지방선거 투표권이 허용됐다. 자기 재산을 가진 영국 미망인과 독신녀는 1881년에 지방선거에서 투표를 할 수 있었다.

뉴질랜드 여성의 투표권

뉴질랜드에서는 1886년 모든 여성에게 지방선거 투표권이 주어졌으며 7년 후인 1893년 세계에서 처음으로 모든 여성에게 전면적인 투표권이 주어졌다. 그래서 뉴질랜드 여성은 식민지 시대의 의회 의원 선거에 참여할 수 있었다. 동시에 뉴질랜드 여성은 입법기관을 제외한 모든 선출직 공무원에 출마할 수 있었다. 뉴질랜드의 뒤를 이어 모든 여성에게 전면적인 투표권이 주어진 곳은 호주(1902년)와 핀란드(1906년)다.

"그렇다고 해서 내가 여성이 아닌가요?" 누구의 명연설 중 한 대목인가?

노예의 삶에서 벗어난 뒤 소저너 트루스Sojourner Truth는 자신의 남은 날을 여성과 아프리카계 미국인의 시민권을 위해 싸웠다. 그녀의 모든 연설 가운데 한 구절이 특히 많은 공명을 일으켰다.

노예로 태어나 겪은 수많은 고초

트루스는 1797년 이사벨라 바움프리Isabella Baumfree라는 이름으로 태어났다. 그녀는 네덜란드어를 쓰는 뉴욕주 얼스터 카운티의 노예로 네 차례나 팔렸고 믿을 수 없을 만큼 많은 역경을 겪었다. 강제로 다른 노예와 결혼을 해 자식을 다섯이나 낳았다. 그리고 1827년 뉴욕시의 반反노예제도법이 발효되기 직전에 도망을 와 뉴욕시에 정착했다. 트루스는 개종을 했고 이름을 바꿨으며 순회 전도사 겸 노예제 폐지론자 겸 여성 권리 옹호자가 되어 전국을 돌아다니며 연설을 했다. 그리고 그 과정에서 프레더릭 더글러스Frederick Douglass, 엘리자베스 캐디 샌튼Elizabeth Cady Stanton, 수전 B. 앤서니Susan B. Anthony 같은 노예제 폐지 및 여성 권리 운동을 이끄는 다른 여성을 만났다.

인습에 얽매이지 않는 여성들

뉴욕주 세니커 폴스시에서 열린 1848년 여성 권리 대회에서 대회 주관자인 루크리셔 모트Lucretia Mott와 엘리자베스 캐디 샌튼 같은 참석자에 의해 이른바 '감성 선언서'가 작성됐다. 이 선언서는 미국 여성이 직면하고 있는 불평등한 면을 적시하면서 미국 여성으로 하여금 스스로 자신의 권리를 위해 싸

트루스가 남긴 명연설

놀랍게도 마리우스 로빈슨은 자신의 기사에서 "그렇다고 해서 내가 여성이 아닌가요?And ain't I a woman?"라는 말은 언급하지 않았다. 훗날 여성 권리 및 반노예주의 운동과 관련된 트루스의 연설 하면 으레 떠올리는 그 유명한 말을 말이다. 트루스가 로빈슨의 원고를 미리 읽어보고 승인은 했다고 하나 그녀가 실제 그런 말을 했는지 확인할 길은 없다. 그러나 프랜시스 다나 게이즈는 12년 후 그 여성 권리 대회에 대한 글을 썼는데 트루스의 연설을 회상하면서 그 유명한 질문을 여러 차례 반복했다. "나는 남성만큼 많은 일을 할 수 있고 남성만큼 많이 먹을 수 있으며 채찍질을 받아야 한다면 남성만큼 잘 견딜 수 있습니다. 그렇다고 해서 내가 여성이 아닌가요?" 게이즈의 회상이다. 게이즈는 단어 선택도 달리했으며 남부 노예 사투리도 추가했다. 트루스가 실제 그런 말을 했든 하지 않았든 그녀의 열정적인 연설은 역사에 지워지지 않는 자국을 남겼다.

우라고 요구하고 있다. 이 선언서는 오하이오주 여성들에게도 큰 영향을 주어 1851년에는 프랜시스 다나 게이즈Frances Dana Gage가 애크런시에서 오하이오주 전체 여성 권리 대회를 이끌게 된다. 참석자가 많았지만 그 대다수는 트루스를 비롯한 연사의 연설을 방해하기 위해 온 남성들이었다.

막강한 영향력을 가진 연설

대회 둘째 날 남성 목사들은 여성은 나약해 투표할 자격이 없다며 여성의 투표권 요구에 이의를 제기하기 시작했다. 바로 그때 트루스가 반박하고 나섰다. "난 그 어떤 남성 못지않게 근육이 많습니다." 키 180센티미터가 넘는 트루스가 말했다. "그리고 그 어떤 남성 못지않게 많은 일을 할 수 있습니다. 쟁기질도 해봤고 수확도 해봤고 곡물 껍질도 까봤고 장작도 패봤고 풀도 베봤습니다. 어떤 남성이 그보다 더 많은 걸 할 줄 압니까?" 〈반노예주의 나팔The Anti-Slavery Bugle〉지의 기자 마리우스 로빈슨Marius Robinson은 트루스의 연설이 대회에서 나온 가장 독특하고 흥미로운 연설 중 하나라면서 이렇게 말했다. "그녀의 연설이 청중에게 미친 영향은 글로 옮기는 게 불가능할 정도입니다."

1956년 프리토리아에서 벌어진 행진은 무엇을 위한 것이었을까?

1913년 남아프리카공화국은 흑인 여성들이 늘 여러 가지 증빙 서류를 소지하고 다녀야 한다는 새로운 법을 도입했다. 많은 사람이 거부하자 그 법은 곧 바뀌었다. 그러나 몇 년 후 인종차별 정책을 펴던 남아프리카공화국 정부가 다시 그 법을 되살리려 하자 흑인 여성들은 더 이상 침묵을 지키고 있을 수 없었다. 거리로 나서야 할 때가 된 것이다.

인종차별 정책 법을 통과시키다

1952년에 제정된 흑인법 67호는 남아프리카공화국에 사는 16세 이상의 모든 흑인은 늘 통행 허가증 또는 '참고 책자' 지참을 의무화했다. 이 참고 책자는 세금 납부 증명서로 매달 고용주의 서명을 받아야 했고 어떤 흑인이 어떤 특정 지역에 머물 수 있는 권한이 있음을 보여주었다.

여성들은 오랜 세월 반인종차별 운동의 측면 지원자였다. 아프리카민족회의ANC 같은 일부 민족운동 조직이 여성 대원을 받기 시작했으나 여성의 개입에 대한 저항감은 여전히 컸다. ANC 여성 연맹이 결성된 것은 인종차별 정책이 시작된 1948년 이후의 일이다. 릴리안 은고이Lilian Ngoyi, 헬렌 조셉Helen Joseph, 알베르티나 시수루Albertina Sisulu 같은 여성 운동가들은 남아프리카공화국여성연합을 결성해 처음에는 성차별에 맞섰으나 곧 통행증 법과 1950년에 제정된 집단 거주 법(같은 인종끼리 모여 살게 만든 법) 쪽으로 관심을 돌렸다.

바위처럼 견고한 여성들

ANC 여성 연맹을 주축으로 한 여성들은 허가

60년 뒤 배턴을 넘기며

1956년 그날의 행진을 이끈 지도자 중 한 사람은 요하네스버그에서 유색인종 회의를 이끌었던 소피아 윌리엄스-드 브루인Sophia Williams-De Bruyn이었다. 행진 60주년을 맞은 2016년 당시 78세였던 윌리엄스-드 브루인은 젊은 여성들을 향해 자신의 권리를 쟁취하는 일에 보다 적극적으로 나서라는 연설을 했다. "이제 젊은이들이 배턴을 넘겨받아 …… 점점 늘어나는 여성 학대, 여성과 아이들에 대한 폭력, 임금 격차 등 이 나라의 모든 문제와 부당함에 맞서 싸워야 합니다."

받지 않은 집회는 금지되어 있었지만 항의 행진을 계획했다. 그리고 1956년 8월 9일 모든 인종의 여성 2만 명이 자신들의 청원서를 남아프리카공화국 수상인 J. G. 스트리즈돔J. G. Strijdom에게 건네기 위해 프리토리아에 있는 남아프리카공화국 정부 청사 유니언 빌딩을 향해 행진했다. 여성은 행진을 하며 이런 내용의 노래를 불렀다. "여성을 치는 건 바위를 치는 것! 당신 자신이 부서지리!"

30년간 지속된 투쟁

이 행진은 남아프리카공화국 인종차별 정권을 향한 가장 영향력 있는 시위 중 하나로 꼽히며 1956년은 여성이 완전히, 눈에 띄게 투쟁에 참여하기 시작한 해로 기록됐다. 이 같은 노력에도 불구하고 많은 여성들이 체포되어 형사처벌됐으며 정부의 인종차별은 아무 변화가 없었다. 평화로운 접근 방식은 곧 흑인 운동 조직 팬아프리카니스트회의에 의해 파업과 불매 운동과 시민 불복종 운동으로 바뀌게 된다. 그리고 1960년에 일어난 샤프빌 대학살을 비롯한 대규모 유혈 사태와 무력 저항을 했음에도 불구하고 통행 허가법은 1986년이 되어서야 폐지됐다.

20세기 페미니스트 책 중에 로마 교황청의 금서가 된 책은?

'인덱스 리브로룸 프로비히토룸Index Librorum Prohibitorum' 즉, 금서 목록은 한때 로마 교황청에서 금지했던 도서의 목록이다. 1559년부터 작성되기 시작한 이 목록에는 신자의 도덕성을 손상시킬 우려가 있다고 생각되는 작품이 다수 포함됐다. 그 목록에 올라간 마지막 책 중 하나가 프랑스 작가 시몬 드 보부아르Simone de Beauvoir의 『제2의 성Le Deuxième Sexe』이다.

보부아르를 금지시키다

1949년 2권 세트로 출간된 『제2의 성』은 20세기의 가장 영향력 있는 책 중 하나로 특히 제2차 페미니스트 운동에 의해 중요성을 널리 인정받고 있다. 이 책은 프랑스와 해외에서 동시에 큰 관심을 불러일으켰으며 미국에서는 발매 2주 만에 베스트셀러가 되었다. 이 책은 역사적으로 여성에 대한 처우가 어땠는지를 주로 다루고 있으며 여성의 모성과 경제적 독립, 성생활, 노화, 집안일, 낙태 등에 대한 보부아르의 철학을 담고 있다. 그녀는 반反낙태 사고는 도덕적인 문제라기보다는 여성에 대한 '남성의 가학증'과 더 관련이 깊다면서 특히 가톨릭교회의 입장을 언급했는데 이 책이 금서 목록에 오르게 된 것도 아마 이와 관련있는 것이 아닌가 한다.

이젠 더 이상 부도덕하지 않다?

1966년 6월 4일 신앙교리성은 로마 교황청 신문에 금서 목록은 더 이상 올바른 판단 기준이 못 된다는 발표를 했고 곧이어 그 목록을 성유물함에 넣고 유리 종으로 덮었다. 로마 가톨릭 신자는 여전히 금서 목록에 오른 책을 피해야 하는 걸로 생각하지만 그 책을 읽거나 다른 사람에게 권했다 해서 어떤 종교적 처벌을 받지는 않는다. 어쨌거나 로마 교황청은 신자에게 해롭다고 느껴지는 책에 대해 공개적인 비난을 퍼부을 권리 자체는 유보했다.

페미니즘

FEMINISM

여성이여, 힘들게 얻은 투표권을 지켜라!
간단한 퀴즈를 풀면서 당신의 페미니즘 관련 지식을 과시해 보라.

Questions

1. 넬리 매클렁은 모의 의회 연극에서 누구 흉내를 냈는가?
2. 뉴질랜드 여성이 완전한 투표권을 획득한 것은 언제였는가?
3. 1973년 '어머니의 날 대학살'이라는 말은 어떤 사건 때문에 생긴 말인가?
4. 어떤 인도 여성이 그녀의 이름을 딴 대학이 설립될 만큼 의미 있는 일을 했나?
5. 소저너 트루스는 미국의 어떤 주에서 "그렇다고 해서 내가 여성이 아닌가요?"라는 유명한 연설을 했는가?
6. 레드스타킹은 어떤 유명한 페미니스트 단체에서 독립해 나왔는가?
7. 에밀리 데이비슨이 죽던 날, 기수는 어떤 이름을 가진 왕의 말을 탔는가?
8. 1952년에 제정된 흑인법에 따르자면 16세 이상의 모든 남아프리카공화국 흑인은 무얼 소지하고 다녀야 했는가?
9. 『제2의 성』을 쓴 사람은 누구인가?
10. 〈새터데이 이브닝 포스트〉 표지에 나온 '리벳공 로지'를 그린 사람은 누구인가?

Answers

정답은 210페이지에서 확인하세요.

LEADERS

리더들

빨간 머리 '비슬리 소년'은 커서 누가 되었을까?

하트셉수트는 왜 가짜 수염을 달았을까?

기원전 1479년 투트모세 2세가 세상을 떠나자 하트셉수트는 어린 아들의 공동 섭정이 된다. 미망인이 된 왕비가 섭정을 하는 경우는 종종 있어 그건 별로 이상한 일이 아니었지만 그 이후 하트셉수트는 역사상 전례가 없는 일을 한다. 스스로를 파라오 또는 공동 지배자라고 선포한 것이다.

사악한 계모였을까

하트셉수트는 최초의 여성 파라오는 아니었으나 아직 살아 있는 남성 파라오 후계자가 있는 상황에서 파라오가 된 최초의 여성이었다. 어린 왕 투트모세 3세는 하트셉수트의 아들이 아니라 남편의 또 다른 아내의 아들이었다. 그녀는 스스로 파라오가 된 사실을 숨기지 않았는데 자신의 장제전(파라오의 영혼을 제사 지내는 신전)을 비롯해 스스로를 기리는 인상적인 건축물을 건설했다. 하트셉수트가 의붓아들로부터 권력을 가로챈 건 사실이나 훗날 그 의붓아들에게 파라오 자리를 확실히 물려주기 위해 스스로 강한 이미지를 만들려 애쓴 것으로 알려져 있다.

15년에 걸친 하트셉수트의 통치 기간은 평화로웠고 예술과 문화가 눈에 띄게 발전했다. 그녀는 의붓아들에게 흔히 파라오의 필경사나 성직자가 받을 수 있는 최고의 교육을 시켰고 군에 보내 장차 통치자에게 필요한 군사 업무도 익히게 했다. 그리고 의붓아들이 통치할 준비가 다 되자 그를 군 총사령관 투트모세 3세라 선포하며 평화롭게 왕좌를 넘겨주었다. 하트셉수트의 노력은 결실을 맺어 투트모세 3세는 고대 이집트에서 가장 위대한 파라오 중 한 명이 되었다.

오랜 세월 하트셉수트가 이집트인의 삶에 미친 영향은 잘 알려지지 않았다. 그녀가 세상을 떠난 뒤 투트모세 3세가 그녀에 대한 거의 모든 기록을 없앴고 조각상을 다 부숴버렸으며 그녀의 이름을 기록에서 아예 지워버렸기 때문이다. 그러나 최근 이런저런 고고학적 발견을 통해 하트셉수트는 역사상 가장 중요한 여성 통치자 중 한 사람이라는 걸맞은 위치를 되찾고 있다.

턱수염이 있는 여성

하트셉수트에 대한 초창기 기록, 그러니까 고고학자들이 이집트 엘리판티네 섬에서 발견한 블록에 있는 기록을 보면 하트셉수트는 여성으로 나온다. 그러나 후반기에 가면서 그녀는 점점 더 남성스러워져 남성의 이미지로 묘사된다. 아예 남자 파라오처럼 보이기 시작한 것인데 이는 강력한 이미지를 유지하기 위한 그녀의 뜻에 따른 것으로 전해진다. 이집트 파라오의 대표적인 액세서리 중 하나는 가짜 금속 턱수염으로 파라오는 깨끗하게 면도를 한 얼굴에 턱수염을 달았다. 이는 역시 거창한 인조 수염을 달고 있는 걸로 묘사되는 고대 이집트 신 오시리스와 닮아 보이려는 노력의 일환이다. 파라오의 가짜 턱수염은 모두가 선망하는 것으로 종종 파라오 사이에 유산처럼 넘겨졌다. 하트셉수트는 자신을 위한 턱수염을 만들게 했다.

미라 미스터리

1902년 하워드 카터Howard Carter는 '왕가의 계곡' 안에서 하트셉수트의 무덤을 발견했다. 그러나 18년 후 그녀의 석관을 열어보니 텅 비어 있었다. 그러다 2007년 고고학자들은 비왕가 무덤에서 발견된 다른 두 석관을 재조사했다. 그중 하나에는 관속의 미라가 하트셉수트의 유모라는 걸 알려주는 글이 새겨 있었다. 나머지 석관은 카이로로 옮겨 CT 스캔을 했다. 스캔 결과 45세에서 60세 정도 된 여성의 미라에는 치아가 하나도 없는 걸로 확인되었다. 그리고 하트셉수트의 원래 무덤에는 그녀의 것으로 보이는 인공 유물이 잔뜩 들어 있었는데 거기에 치아가 담긴 박스도 있었다. 전문가들은 그 치아를 신원 미상의 미라에게 맞춰봤으며 그렇게 해서 마침내 하트셉수트의 시신을 찾아냈다.

어떤 프랑스 왕비가 타블로이드 포르노의 놀림감이 됐을까?

마리 앙투아네트Marie Antoinette는 1770년 프랑스 루이 16세와 결혼해 4년 후, 그가 왕위에 오르면서 프랑스와 나바르의 왕비가 되었다. 그러나 왕실의 사치스런 소비와 잘못된 정치적 경제적 결정으로 인해 국민 사이에서는 왕가에 대한 적개심이 점점 커졌고 왕비의 대중적 인기도 빛을 잃었다.

왕비는 정말 부도덕했을까

혁명이 목전에 다가오면서 왕가에 대한 안 좋은 정치적 선동이 점점 커져 갔다. 과거 같으면 인기 있는 '리벨libelle' 즉, 정치 타블로이드 신문의 공격 대상은 주로 왕실의 정부였다. 그러나 루이 16세에게는 정부가 없었고 결국 마리 앙투아네트가 타블로이드 신문의 표적이 되었다. 타블로이드 신문의 내용 중에는 왕

진실과 거짓말의 경계

사람들은 마리 앙투아네트 하면 으레 "그럼 케이크를 먹으라고 해!"라는 유명한 말을 떠올린다. 프랑스 국민이 먹을 빵이 없다는 말을 듣고 그녀가 한 말이라고 하는데 그녀가 실제 그런 말을 한 것 같지는 않다. 이런 현상은 수십 년간 결혼을 통해 외국 왕비가 프랑스 왕실에 들어온 사실에서 비롯된다. 그러니까 점점 심해지는 경제적 불평등에 대한 국민의 좌절과 분노가 자신의 왕보다는 주로 외국에서 온 왕비를 향해 표출된 것이다. 그렇다고 해서 왕실 사람들이 사치스런 삶을 살지 않았다는 얘기는 아니다. 프랑스 국민은 먹을 빵도 없어 난리인데 왕비는 패션을 따르기 위해 가발 안에 흰 밀가루를 뒤집어썼다. 왕의 동생은 1년 내내 날마다 새 신발을 주문했다는 얘기까지 있다.

비를 온갖 포르노 상황에 맞춰 묘사한 만화도 있었다. 그 만화에서 왕비는 섹스 파티에서 동성애, 근친상간에 이르기까지 허구한 날 자신의 시동생, 하인 그리고 심지어 자기 자식을 상대로 지칠 줄 모르는 성욕을 과시했다. 그녀의 남편은 대개 늘 무관심하거나 발기가 안 되는 남자로 묘사됐다. 이 모든 게 실은 사실에 기반을 둔 일이었다. 루이 16세와 앙투아네트는 10대 때 결혼을 해 7년 만에 왕위를 계승할 자식을 얻었다. 왕은 발기불능을 야기하는 질병을 앓고 있다는 소문도 있었다. 마리 앙투아네트가 다른 남자와 성관계를 맺고 있다는 확실한 증거는 거의 없었지만 소문은 계속 돌고 돌아 그녀의 이미지는 아주 부도덕한 여성으로 굳어져 갔다.

조롱 끝에 단두대에 오른 왕비

당시에는 이런저런 거짓말을 퍼뜨려도 반박할 공식적인 왕실 언론기관이 없었기 때문에 타블로이드 신문의 위력은 대단했다. 게다가 타블로이드 신문은 왕실의 파리 저택인 튀일리궁 밖에서도 팔렸다. 1789년 이전까지만 해도 전체 발행물의 10퍼센트 정도만 왕비를 조

롱했으나 프랑스혁명이 시작되자 거의 모든 발행물이 왕비를 공격했다. 타블로이드 신문 자체가 혁명을 조장한 건 아니나 왕실은 썩었고 왕은 무능하다는 여론을 조성했다.

1792년 8월 일단의 과격한 혁명가들이 튀일리궁 안으로 난입해 루이 16세를 체포했다. 한 달 후 왕정은 폐지됐고 재판 끝에 왕은 단두대로 보내졌다. 9개월 후에는 마리 앙투아네트가 그 뒤를 따랐다. 1793년 처형될 당시 마리 앙투아네트에 대한 일반 대중의 인식은 경박하고 부도덕한 여성 그 자체였다.

빅토리아 여왕을 향한 암살 시도는 얼마나 많았을까?

빅토리아 여왕은 영국에서 가장 오래 집권한 군주였으나 무려 8번이나 암살 시도를 겪었고 위험한 고비도 많았다.

신혼부부를 향해 날아든 총탄

빅토리아 여왕과 앨버트 공이 결혼식을 치른 지 4개월 후인 1840년 6월 10일 군주의 목숨을 위협하는 시도가 있었다. 신혼부부가 덮개가 없는 마차를 타고 버킹엄 궁을 떠나는데 18세 남자 바텐더 에드워드 옥스퍼드Edward Oxford가 군중 안에서 권총 2정을 든 채 걸어나와 여왕을 향해 쏜 것이다. 첫 번째 총알은 여왕이 말 쪽으로 고개를 돌려 빗맞았고 두 번째 총알은 여왕이 몸을 숙여 간신히 피했다. 군중이 암살자를 덮쳤고 마차는 제 길로 달려갔다. 부부는 공원에서 마차를 돌려 사람들에게 여왕이 무사하다는 걸 보여주었다. 저격한 사람은 정신이상과 유죄판결을 받고 24년을 정신병원에서 보낸 뒤 호주로 추방됐다.

여왕이 설계한 함정수사

여왕 부부는 그 경험에서 교훈을 얻지 못했다. 2년 후 두 사람은 역시 덮개 없는 마차를 타고 일요 예배에 참석하기 위해 세인트 제임스 궁에서 출발했는데 그때 또 다른 암살 미수범이 여왕을 향해 권총을 겨눈 뒤 방아쇠를 당겼다. 다행히 총은 불발됐고 존 프랜시스John Francis라는 이름의 목수는 총을 흔들며 군중 속으로 도망갔다. 그런데 여왕은 죽음이 두려워 궁 안에 머무는 대신 암살 미수범이 돌아오게 유인하기 위해 바로 그다음 날 다시 궁을 나섰다. 이번에는 덮개 달린 마차를 탄 부부가 여느 때처럼 시내 공원으로 향하는 가운데 사복 경찰은 거리에서 앨버트 공이 알려준 인상착의에 맞는 사람을 찾고 있었다. 프랜시스에겐 뿌

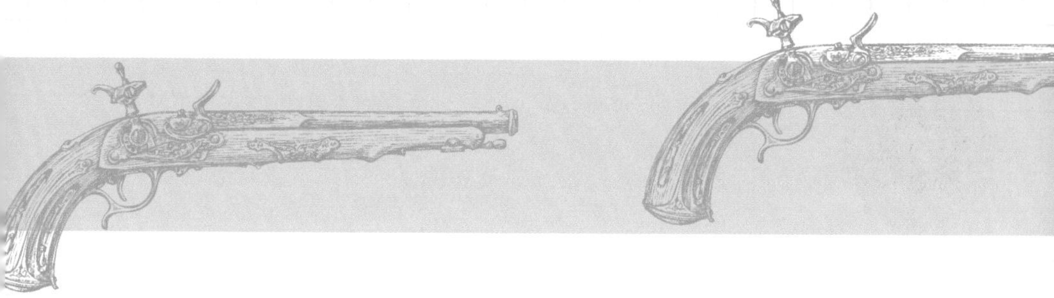

리치기 힘든 유혹이었고 결국 그는 여왕 부부를 향해 다시 총을 쐈다. 총성이 울리자 한 경찰관이 범인을 찾아냈고 그는 현장에서 체포됐다.

정신이상 상태의 암살자들

옥스퍼드와 프랜시스는 모두 여왕을 살해하려 했을 때 법적으로 정신이상 상태였으며 그에 따른 형이 내려졌다. 이후 30여 년간 3명이 더 같은 운명에 처했다. 그 3명은 장애가 있는 10대, 불만에 가득 찬 아일랜드인, 그리고 여왕 코앞에까지 다가갔다가 왕실 경호원 존 브라운John Brown에 의해 제압당한 회사원이었다. 배심원단에 의해 정신이 멀쩡한 것으로 판명된 암살 미수범은 로버트 페이트Robert Pate뿐이었다. 1850년 전직 군 장교였던 페이트는 지팡이로 여왕의 머리를 내리쳐 얼굴에 타박상을 입혔다. 다행히 머리에 쓴 보닛이 충격을 거의 다 흡수해 큰 문제는 없었다.

암살 시도 덕에 되살아난 인기

여왕이 마지막 살해 위협에 직면했던 것은 63세 때인 1882년으로 남편을 잃고 비탄에 빠져 있을 때였다. 여왕은 열차로 윈저 역에 도착해 마차를 타고 성으로 가는 중이었다. 그러다 엔진 폭발 소리 같은 큰 소리에 깜짝 놀랐는데 알고 보니 그건 28세 로더릭 매클린Roderick Maclean이 여왕을 향해 쏜 총소리였다. 그 남자는 마침 역에 있던 어린 이튼 칼리지 남학생 둘이 우산으로 마구 때려 붙잡았다. 이 마지막 암살 시도 덕에 점차 잊혀져 가던 여왕의 인기가 되살아났다. 여왕은 후에 이날 일에 대해 이렇게 말했다. "총격도 당할 만하네요. 덕분에 얼마나 많은 사랑을 받고 있는지 알게 되었으니 말이죠."

아웅 산 수 치는 왜 가택 연금을 당했을까?

아웅 산 수 치Aung San Suu Kyi는 1945년 미안마(일부 국가에서는 아직도 버마라 불린다)에서 태어났다. 미안마는 공식적으로 인정된 종족만 135개에 달하는 인종의 도가니다. 그녀의 아버지 아웅 산은 그 많은 집단을 공통된 대의 아래 하나로 결집해 영국 식민지 통치에 맞서 싸운 장군이었다. 그러나 현대 국가 미안마 건설에 앞장섰던 그는 조국의 독립(1948년)을 6개월 앞두고 암살당했다. 당시 수 치의 나이 겨우 2세였다.

군부 정권이 들어선 조국

이후 10년 넘게 종족 간 분규가 이어졌다. 수 치의 어머니 도 킨 치는 인도 대사로 임명됐고 당시 10대였던 딸과 함께 델리로 이주했다. 이후 1960년 초에 수 치가 영국 옥스퍼드 대학교에서 공부하는 동안 버마에서는 군부가 정권을 장악해 나라 이름을 미안마로 바꾸고 반세기 가까이 이어질 압제 정권을 수립했다. 수 치는 병든 어머니를 간호하기 위해 1988년에 드디어 조국으로 돌아왔다. 그사이에 수 치는 결혼을 했고 영국인 남편과 함께 두 아이를 키웠지만 결국 가난에 찌들어 민주주의를 갈망하는 조국으로 돌아왔다.

영웅의 딸을 기다린 국민

그해에 미안마 국민은 거리로 쏟아져 나와 군부 지도자 네 윈 장군에 반대하는 시위를 벌였다. 당시 군인은 군중을 향해 실탄 사격을 해 수백 명이 목숨을 잃었고 그 과정에서 수 치는 군부의 잔혹성을 목격했다. 그녀는 독립

운동을 이끈 장군의 딸답게 정치 경험이 없음에도 불구하고 새로운 정당 국민민주연맹NLD을 이끌어 달라는 사람들의 요청을 수락했다. 그녀의 가문은 국민 사이에서 상당한 영향력이 있었고 수 치는 평화로운 민주주의를 위한 비폭력 저항운동의 상징이 되었다.

15년간의 가택 연금

군사정부는 1990년 총선거를 실시할 거라고 발표했다. 일견 국민의 압력이 통하는 듯했다. 그러나 그게 아니었다. 수 치는 가택 연금을 당했고 정당 지도자로서의 역할 또한 거의 다 박탈당했다. 선거는 압도적인 표차로 국민의 승리로 끝났지만 군부는 권력을 내려놓지 않았다. 이후 21년 중 무려 15년간 수 치는 양곤에 있는 자신의 집에 가택 연금을 당했다. 그녀는 영국에 있던 남편이 말기 암 판정을 받았을 때조차 민주주의에 대한 자신의 임무에 충실했다. 수 치는 남편이 세상을 떠나기 전에는 결국 그를 만날 수 없었다. 그리고 2011년 마침내 가택 연금에서 풀려났다.

끝나지 않은 종족 간 폭력

1991년 수 치는 민주주의 운동을 이끈 공로를 인정받아 노벨 평화상을 수상했다. 그리고 2015년 25년 만에 처음 미얀마에서 이루어진 자유선거에서 그녀의 인기 덕에 국민민주연맹은 큰 승리를 거머쥐었다. 수 치는 자녀들이 미얀마 국적이 아니란 이유로 대통령 선거에 출마할 수 없었고, 대신 '국가 자문'이란 직함이 주어졌다. 군부는 국민민주연맹과 권력을 나누는 데 합의했고, 새로운 정부가 세워졌다. 그러나 이후 여러 해 동안 로힝야 소수민족에 대한 군부의 잔혹한 탄압으로 수 치를 비롯한 공동 정부는 국제적인 비난을 받게 된다. 로힝야족은 충격적인 종족 간 폭력을 피해 수천 명씩 떼 지어 조국을 탈출하고 있다.

'아프리카의 잔 다르크'는 누구일까?

야 아산테와Yaa Asantewaa는 가나의 역사에 길이 기억될 인물로 주변 남성이 모두 다 무릎 꿇은 상태에서 분연히 들고 일어나 영국의 식민 통치에 맞선 여왕이며 전사다.

황금 의자를 탐내다

1800년대 말 금광이 많은 국가 아산테(오늘날의 가나)는 영국에 의해 강제 합병됐다. 1900년 침략자는 야 아산테와의 손자이며 왕이었던 프렘페 1세 등 현지 지도자 대부분을 유배 보냈다. 이 나라에서 가장 신성한 물건은 '황금 의자(커다란 황금 옥좌)'였는데 영국 식민지 총독이던 프레데릭 미첼 호지슨 경Sir Frederick Mitchell Hodgson이 그걸 갖고 싶어 했다. 그 의자를 소유하는 것이 식민지 통치의 상징이 될 거라고 생각한 것이다.

분발을 촉구한 연설

남아 있는 족장들은 어떻게 할지 결정하기 위해 회의를 열었는데 그들에게 들고 일어나 싸울 것을 촉구한 사람이 바로 야 아산테와였다. 그녀는 분발을 촉구하는 연설을 하며 사람들에게 이렇게 말했다. "아산테의 용맹함이 사라졌다는 게 사실인가요? 만일 아산테의 남성들이 나서지 않는다면 우리가 나설 겁니다. 나는 여성들에게 도움을 청할 거고 우리는 전쟁터에서 마지막 한 사람이 쓰러질 때까지 싸울 겁니다."

야 아산테와의 연설은 효과가 있었다. 그녀는 군을 이끄는 총사령관으로 선출됐는데 아산테의 역사에서 여성이 그런 역할을 맡은 건 처음이자 마지막이었다. 그녀는 1900년 4월부터 3개월간 영국군 요새에 대한 포위 공격을 이끌며 이른바 '황금 의자 전쟁'을 이끌었다. 결국 영국군이 아산테족을 굴복시켰으며 1901년 야 아산테와를 체포해 세이셸로 유배 보냈지만 그녀는 지금까지도 '아프리카의 잔 다르크'로, 가나인의 저항 정신, 용맹함 그리고 여성 파워의 상징으로 남아 있다.

'신의 파티를 즐기는 사람들'을 결성한 고대 통치자는 누구일까?

권력과 지성과 아름다움으로 유명했던 이집트의 통치자 클레오파트라Cleopatra는 고대 이집트의 가장 중요한 정치 지도자 중 한 명이었다. (그녀의 통치를 마지막으로 300년 역사의 프톨레마이오스 왕조도 끝났다.) 그러나 그녀는 즐기는 법도 잘 알고 있었다.

마음껏 즐기는 삶을 살다

'신의 파티를 즐기는 사람들'은 기원전 41년 클레오파트라와 그녀의 로마인 애인 마르쿠스 안토니우스Marcus Antonius에 의해 설립됐다. 이는 술 마시고 웃고 떠들며 즐기는 '놀고 먹기' 클럽으로 그 회원은 그리스신화에 나오는 포도주와 풍요와 황홀경의 신 디오니소스를 섬겼다고 전해진다. 후에 로마의 통치자 옥타비아누스Octavianus가 이집트를 침공할 준비를 하자 두 사람은 최후의 날을 앞두고 매일 먹고 마시며 시간을 보내는 새로운 단체를 만드는데, 그 단체의 이름은 '죽음의 동반자들'로 알려졌다.

진주 귀걸이를 마신 여왕

'신의 파티를 즐기는 사람들'의 한 모임에서 클레오파트라는 안토니우스를 상대로 자신이 다음번 성대한 만찬에 1천만 세스르티우스(고대 로마의 동전)를 쓸 수 있을까 하는 걸로 내기를 제안했다고 한다. 1천만 세스르티우스는 오늘날 화폐로 환산할 경우 수백만 달러에 달하는 거금이다. 안토니우스는 그 내기를 받아들였다. 그다음 만찬 때 안토니우스는 눈앞에 평상시와 비슷한 음식이 놓이는 걸 보며 의아해 했다. 그런데 두 번째 코스에서 한 하인이 식초 한 컵을 들고 와 클레오파트라 앞에 놓았다. 그녀는 자신의 값비싼 진주 귀걸이 가운데 하나를 빼 그 컵에 집어넣었다. 그리고 식초에 진주가 녹자 그 컵을 들어 올려 내용물을 마셔버렸다. 그야말로 모든 시대를 통틀어 가장 비싼 식사 중 하나다.

아키텐의 엘레노어는 왜 라이벌 관계인 두 왕과 결혼했을까?

1152년 5월 18일 아키텐의 엘레노어Eleanor of Aquitaine는 프랑스 푸아티에 대성당에서 앙주 백작이자 노르망디 공작인 앙리 플랑타주네 Henry Plantagenet와 결혼을 했다. 그녀는 당시 19세이던 신랑보다 열한 살 많았지만 그녀와 관련해 유명한 일은 이뿐이 아니다. 엘레노어는 바로 두 달 전만 해도 다른 남성인 프랑스의 루이 7세와 결혼한 상태였다.

재산을 매개로 한 결혼

엘레노어는 아키텐 공작 기욤 10세의 장녀였다. 그녀의 아버지는 왕보다 더 많은 프랑스 영토를 소유하고 있었으며 그녀는 교육을 많이 받은 데다 아주 세련됐다. 그것만으로도 아주 괜찮은 신붓감이었는데 1137년 아버지와 유일한 남자 형제가 세상을 떠나면서 엘레노어는 막대한 유산을 받게 되었다. 신부로서 그녀의 몸값은 천정부지로 치솟았고, 그녀는 15세 때 프랑스 루이 6세의 아들과 결혼을 했다. 그리고 그는 곧 루이 7세가 됐다. 두 사람은 딸을 둘 낳았지만 끝내 아들은 낳지 못했고, 그게 두 사람의 틈을 벌린다. 엘레노어는 모험심이 많은 왕비였고 부부 관계가 좋지 않았음에도 불구하고 남편과 함께 여행 다니는 걸 좋아했다. 그녀는 1147년 실패로 끝난 제2차 십자군 원정 때도 남편을 따라 콘스탄티노플과 예루살렘에 갔다. 당시 루이 7세와 독일의 콘라트 3세는 유럽 연합군을 이끌고 성지 탈환에 나섰다가 셀주크튀르크족에게 대패했다. 1152년 3월 프랑스 왕비가 된 지 15년 만에 두 사람의 결혼은 혈족 관계로 인해 무효가 되고(두 사람은 혈통이 같았다) 엘레노어의 토지는 다시 그녀 개인 소유로 돌아간다.

왕좌를 향한 두 번째 결혼

엘레노어와 결혼한 지 2년도 안 돼 앙리 플랑타주네는 웨스트민스터 대성당에서 영국 왕 헨리 2세로 즉위한다. 두 사람의 결합으로 그녀가 상속받은 프랑스 남서쪽 토지와 헨리 2세의 영국 앙주 영토 및 프랑스 북부 지역이

합쳐져 거대한 제국을 이루었다. 두 사람은 자녀를 여덟이나 두었는데 그중 하나는 어려서 죽었지만 루이 7세가 그토록 갖고 싶어 했던 아들은 다섯이나 됐다. 그 아들 가운데 셋은 나중에 청년 왕 헨리, 리처드 1세, 그리고 존 왕 등 영국 왕이 되었다. 헨리 2세 부부는 20년간 자신들의 영토를 수시로 돌아보며 왕실의 다문화적 면모를 국민에게 보여주었다. 엘레노어는 많은 시간을 자식과 함께 보냈고 그들을 영향력 있는 가문의 자식과 결혼시켰으며 특히 헨리 2세가 자리를 비울 때 정부에서 중요한 역할을 했다.

화려한 섭정

유감스럽게도 엘레노어의 두 번째 결혼 역시 첫 번째 결혼과 비슷한 방향으로 흘러갔다. 헨리 2세가 여러 차례 바람을 피면서 부부 관계는 계속 악화됐고 결국 1173년에 사실상 파경 상태에 이른다. 그리고 그녀는 두 아들 리처드와 존이 아버지를 상대로 반란을 일으켰을 때 그들의 편을 들었다. 반란이 실패로 끝난 뒤, 헨리 2세는 엘레노어를 가택 연금시켜 1189년 자신이 죽을 때까지 15년간 세상과 격리시킨다. 이후 그녀는 두 아들의 통치에 깊숙이 개입했다. 1204년 세상을 떠날 때까지 엘레노어는 무려 70년간 유럽에서 가장 영향력 있는 여성 중 한 명이었다.

빨간 머리 '비슬리 소녀'은 커서 누가 되었을까?

엘리자베스 1세는 결혼을 하지 않고 45년 동안 영국을 통치한 유명한 '처녀 여왕'이다. 정치적인 이유에서든 후계자를 만들어야 하는 이유에서든 자신한테 유리한 동맹 관계를 맺어야 하는 군주 입장에서든 여왕을 끝내 미혼 상태로 남기로 했다. 여왕을 둘러싼 이런저런 소문은 끊이질 않았다. 심지어 엘리자베스 1세는 사실 여왕이 아니라 변장을 한 왕이었다는 소문까지 있었다.

정말 바꿔치기 된 아이였을까?

엘리자베스는 여왕이 될 만한 사람이 전혀 아니었다. 그녀는 헨리 8세와 그의 두 번째 아내 앤 불린Anne Boleyn 사이에서 태어났다. 엘리자베스의 아버지는 그녀가 3세 때 간통과 배신을 이유로 그녀의 어머니를 참수형에 처했고 그 결과 그녀는 어린 시절 대부분을 왕실과는 거리가 먼 한 가정에서 자랐다.

현지에서 전하는 이야기에 따르면 이 미래의 여왕이 아홉 살 되던 1542년에 헨리 8세는 글로스터셔주 '버클리 헌트Berkeley Hunt(여우 사냥 등으로 유명한 사냥터)'로 사냥을 떠나면서 자기 딸을 전염병으로부터 지키기 위해 서리 카운티 비슬리에 있는 왕실 사냥용 오두막에 남

겨두었다고 한다. 그런데 왕이 떠나 있는 동안 엘리자베스가 죽었고 공주를 제대로 지키지 못한 죄로 처벌 받을 걸 두려워한 신하들이 목숨을 부지할 계획을 짜냈다는 것이다. 그러니까 현지에서 엘리자베스를 닮은 빨간 머리 소년을 찾아내 공주처럼 옷을 입혀 아무 일도 일어나지 않은 것처럼 속였다는 것이다. 그렇게 해서 그 '비슬리 소년'이 훗날 영국 여왕이 되었다는 것이 그 이야기의 골자다.

음모론자의 끝없는 호기심

음모론자는 엘리자베스 여왕의 시신을 파내 여왕이 진짜 여성이었는지 확인하자는 제안까지 한다. 그러나 이 비슬리 소년 이야기는 사실일 가능성이 희박하다. 우선 엘리자베스는 결혼은 하지 않았지만 레스터 백작이었던 로버트 더들리Robert Dudley 같은 여러 남자 신하와 은밀한 관계를 가졌다. 그녀는 또 자신의 시녀와도 깊은 관계를 가졌는데 그녀가 정말 남성이었다면 그런 비밀을 그렇게 오래 지킬 수 없었을 것이다. 그래서 엘리자베스가 아이를 가질 수 없는 어떤 여성 질환 같은 걸 갖고 있을 거라는 소문도 있었다. 그런 소문이 끊이지 않고 퍼지자 어떤 외국 대사가 여왕의 하인을 매수해 여왕의 침대 시트 상태를 체크했다고 한다. 그렇게 해서 그녀가 규칙적으로 생리를 하는지 확인하려 했다는 것이다.

외모에 대한 관심

엘리자베스가 남편감을 찾으려 애쓰진 않았는지 몰라도 자신의 외모에 관심이 없었던 건 아니다. 시녀들은 매일 네댓 시간을 여왕에게 옷을 입히고 벗기는 일에 바쳤다. 그녀는 자신의 상징인 붉은 머리 가발을 썼고 특히 나이가 들어가면서 젊어 보이기 위해 얇은 가면을 뒤집어쓴 것처럼 진한 화장을 했다. 그녀가 얼굴과 목과 손에 발랐던 얇은 '가면'의 주성분은 납과 식초였다. 그리고 백연으로 알려진 그 혼합물이 실은 피부를 부식시켜 노화를 더 앞당겼다. 그녀는 또 눈가에는 검은색 콜 아이라이너를, 입술에는 빨간 립스틱을 칠했는데 그 주성분은 밀랍과 식물염료였다.

'노토리어스 RBG'라는 힙합 스타일 닉네임으로 불린 대법관은 누구일까?

1993년 빌 클린턴Bill Clinton 미국 대통령은 첫 대법관 임명권을 행사했는데 그 결과 여성으로서는 두 번째 종신직 연방 대법원 판사가 탄생했다. 그가 선택한 판사는 불굴의 의지를 갖고 있는 연방 고등법원 판사 루스 베이더 긴즈버그Ruth Bader Ginsburg였다.

여성 평등을 가로막는 장애물

1959년 컬럼비아 법대를 수석 졸업했음에도 불구하고 긴즈버그는 졸업 후 일자리를 찾는 데 애를 먹었다. 당시만 해도 대부분의 법률 회사는 여성을 채용하지 않았고 연방 법원 판사 역시 여성을 쓰려 하지 않았다. 그러나 다른 많은 여성 동료와 달리 긴즈버그는 마침내 하급 지방법원 판사 자리를 찾아냈고 거기서 2년간 일하며 자신의 진가를 보여준 뒤 학계로 자리를 옮겼다. 1972년 그녀는 미국 시민자유연맹ACLU에 여성 권리 프로젝트를 설립했으며 수석 자문이 되어 수백 건의 성차별 소송에 참여했다. 긴즈버그는 승산이 높은 소송을 선택해 여성의 평등권을 가로막는 불공정한 법적 장애물을 하나하나 제거했다. 그녀는 남성을 차별하는 소송에도 참여했다. 그리고 보수파가 지배하는 대법원에서 줄곧 진보적인 반대 의견을 내며 미국 최고의 사법기관에서 진보를 대표하는 목소리가 되었다.

노토리어스 RBG

2013년 인터넷에서는 긴즈버그를 전설적인 랩 가수 '노토리어스 비아이지Notorious BIG(또는 비기 스몰즈Biggie Smalls)'에 빗대 '노토리어스 알비지Notorious RBG'로 부르는 일이 유행처럼 번졌다. 이 별명은 뉴욕대학교 법대 졸업생이 만든 노토리어스 알비지라는 이름의 블로그에서 처음 불렸다. 1997년 〈롤링 스톤Rolling Stone〉지 표지에 실렸던 노토리어스 비아이지의 그 유명한 이미지와 마찬가지로 머리에 왕관을 쓰고 한쪽에는 그녀의 반대 의견에서 했던 말이 나와 있는 긴즈버그의 널리 알려진 이미지는 새로운 세대의 젊은이로 하여금 정의와 법에 관심을 갖게 했다. 처음 이 별명에 대한 얘기를 들었을 때 긴즈버그는 서기에게 대체 무슨 얘기냐고 물어봐야 했다. 2015년 듀크대학교 법대 강연에서 긴즈버그는 사람들에게 자신과 별명이 같은 비기 스몰즈가 자신처럼 뉴욕시 브루클린에서 태어나고 자랐다는 사실을 알고 정말 놀랐다고 말했다.

그녀의 뒤를 따라

긴즈버그는 미 연방 대법원 판사를 가장 오래 지낸 여성이긴 하지만 연방 대법원 판사가 된 최초의 여성은 아니다. 그 영광의 주인공은 그녀의 동료이자 친구인 샌드라 데이 오코너Sandra Day O'Connor로 1981년 로널드 레이건Ronald Reagan 대통령에 의해 임명됐다. 거의 25년 동안 오코너는 낙태와 인종차별 같은 많은 중요한 문제를 놓고 양분된 대법원에서 결정적인 한 표를 행사하곤 했다. 그리고 긴즈버그와 오코너는 많은 문제에 대한 견해가 달랐음에도 불구하고 기회 있을 때마다 서로를 칭찬했으며 오코너는 긴즈버그와 함께 일했던 법원 직원을 수시로 연방 대법원으로 불러들이곤 했다. 두 판사는 대법원에서 12년을 함께 일했으며 재판관석에 나란히 앉았을 때 서로 헷갈리는 걸 막기 위해 서로 다른 셔츠를 선물 받기도 했다. 오코너는 2006년에 은퇴해 2009년에 소니아 소토마요르Sonia Sotomayor가 임명될 때까지 대법원에서 여성을 대변하는 목소리는 긴즈버그 하나뿐이었다. 긴즈버그에 따르면 그 몇 년이 '가장 힘든 시기'였다고 한다.

예카테리나 2세는 어떻게 러시아의 위대한 여왕이 되었을까?

예카테리나 2세는 러시아에서 가장 오래 통치한 여자 황제이며 러시아의 가장 위대한 지도자 중 한 사람이었지만 러시아인도 아니고 이름도 예카테리나Catherine가 아니었다. 그런데 어떻게 그렇게 위대한 여왕이 되었을까?

가난한 독일 왕족

1729년 지금의 폴란드인 프러시아에서 태어난 예카테리나는 원래 이름이 조피 프레데리케 아우구스테 폰 안할트-체르프스트Sophie Friederike Auguste von Anhalt-Zerbst인 독일 왕족으로 아버지는 별다른 재산이 없는 공작이었고 어머니는 연줄이 좋은 귀족이었다. 조피가 초대를 받고 러시아로 가 엘리자베스 여제Empress Elizabeth를 만난 것도 자식의 앞날을 생각한 어머니의 야심과 연줄 덕이었다. 결혼을 하지 않아 자식이 없던 엘리자베스 여제는 조카 표트르 대공Grand Duke Peter을 후계자로 지명한 상태였는데 조피를 보고 장차 황제가 될 조카의 좋은 배필감으로 점찍었다. 조피는 이렇게 러시아 통치자의 마음을 사로잡았고 곧 동방정교회로 개종하면서 이름도 예카테리나로 바꾸었다. 두 사람은 결국 1745년 8월 21일에 결혼했다.

순탄치 않은 결혼 생활

예카테리나와 표트르의 결혼 생활은 행복하지 못했다. 예카테리나가 아이를 임신하는 데 8년이나 걸렸고 드디어 출산을 했을 때 러시아 궁 안에서는 아버지가 표트르가 아니라 세르게이 살티코프Sergei Saltykov라는 러시아 군 장교라는 소문이 파다했다. 역사학자들은 그 이후에 태어난 세 자식 역시 표트르의 아이가 아니라고 말한다. 1762년 엘리자베스 여제가 세상을 떠나자 표트르 3세가 황제 자리에 올랐으나 그 자리에 오래 있지 못했다. 그는 프러시아와의 오랜 전쟁을 끝낸 뒤(군부 내에서는 이에 불만이 많았다) 보다 낮은 귀족층을 소외시키는 개혁을 밀어붙이려 했고 그 바람에 쿠데

타가 일어나면서 권좌에서 밀려났다. 그는 이후 썩 석연치 않은 상황에서 세상을 떠났다. 예카테리나는 곧 행동에 나서 러시아에서 가장 영향력 있는 군 지도자의 지지를 이끌어내 스스로 여황의 자리에 올랐다. 그녀의 통치는 이후 34년이나 이어진다.

위대한 러시아의 재건

예카테리나가 넘겨받은 러시아는 유럽과 식민지 전역을 휩쓴 7년전쟁으로 완전히 파산 상태였다. 곡물 가격은 계속 올랐고 정부는 무능하고 그 어느 때보다 부패했다. 예카테리나 2세(예카테리나 대제Catherine the Great로도 불렸다)는 자신을 표트르 대제(죽은 남편의 할아버지)의 영적인 손녀라고 여겨 서구 문화의 확대 및 확장 정책을 꾸준히 추구했다. 그리고 그녀의 치하에서 러시아 제국은 눈에 띄게 발전했다. 사회적 · 정치적 개혁을 꿈꾸며 통치를 시작했음에도 불구하고 예카테리나는 그 어떤 큰 변화도 일으킬 수가 없었다. 러시아 농노 계급에 대한 귀족의 지배 때문에 재임 중에만 수십 차례의 폭동이 일어났다. 그러나 그녀는 문학과 철학과 예술에 남다른 애정을 보여 그녀의 소장품 속에는 라파엘Raphael과 렘브란트Rembrandt 같은 예술가의 작품 4,000여 점이 포함되어 있었다. 예카테리나는 상트페테르부르크를 유럽 예술가와 사상가의 중심지로 탈바꿈시켰을 뿐 아니라 러시아를 문화 중심국으로 만들었다.

무미건조한 죽음

예카테리나 2세가 세상을 떠나자 그녀의 적들은 그녀의 죽음과 관련해 화장실에서 일을 보다 죽었느니 말과 섹스를 하다 죽었느니 하며 악의적인 소문을 퍼뜨렸다. '위대했던' 삶을 살았음에도 불구하고 예카테리나 2세의 죽음은 매우 무미건조했다. 뇌졸중을 일으킨 뒤 바로 그다음 날 침대에서 숨을 거둔 것이다.

하룻밤 함께 보내는 대가로 목숨을 요구하는 여왕이 있었다고?

아미나Amina는 34년간 자자우족을 이끈 용맹하고 강력한 아프리카의 지도자였지만 대부분의 남자는 그녀의 침실에 들어가고 싶어 하지 않았다.

전사에서 여왕으로

아미나는 오늘날 나이지리아 지역에 살던 자자우족 출신이다. 1533년경에 태어났으며 그녀의 어머니는 자자우족 통치자 투룬카 바크와였다. 아미나의 집안은 금속과 천, 말, 콜라너트, 소금 등을 수입해 돈을 벌었다. 그녀의 어머니가 죽은 뒤 아미나의 삼촌인 카라마가 왕위에 올라 10년간 통치를 했다. 그동안 아미나는 최고의 전사와 함께 훈련을 받아 두려움을 모르는 전사로 성장해 기병대의 지도자가 되었다. 카라마가 죽자 군부로부터 워낙 큰 존경과 사랑을 받던 아미나가 삼촌 대신 여왕이 되는 건 기정사실이었다.

남자 빰치는 여자

34년간의 재임 기간 중 아미나는 2만 명의 자자우군을 이끌고 여러 차례 전쟁을 치렀으며 그 결과 영토를 넓혀 더 나은 무역로를 확보했고 그 지역 일대에 대한 지배력을 잘 유지했다. 결혼하는 게 더 유리했겠지만 그녀는 결혼을 하지 않고 혼자 통치하는 쪽을 택했다. 그러나 그렇다고 해서 늘 혼자 밤을 밝힌 건 아니다. 전하는 바에 따르면 군사 정복이 끝나면 늘 새로운 남자(패배한 적의 포로나 자신의 경호원 가운데 하나)를 골라 함께 밤을 보냈다고 한다. 그리고 다음 날 상대 남성은 처형됐는데 여왕과 함께 밤을 보냈다는 것을 누설하지 못하게 하기 위해서였다. 나이지리아에서 아미나는 여성의 권력을 상징하며 흔히 '남자 빰치는 여자'로 불린다.

리더들

LEADERS

당신이 통치자가 아니라면 암살당할 걱정은 거의 없을 것이다.
그러니 마음 편히 리더와 관련된 퀴즈를 풀어 보라.

Questions

1. 아웅 산 수 치는 왜 대통령이 아니고 국가 자문이 되었는가?
2. 로버트 페이트는 빅토리아 여왕을 해치기 위해 어떤 무기를 사용했는가?
3. 아미나는 자자우족을 몇 년간 통치했는가?
4. 이집트 파라오는 오시리스 신을 연상케 하는 무엇을 몸에 걸쳤는가?
5. 조피 프레데리케 아우구스테 폰 안할트-체르프스트는 어떤 이름으로 더 잘 알려져 있는가?
6. 클레오파트라는 마르쿠스 안토니우스와의 내기에서 이기기 위해 만찬에서 무엇을 먹었는가?
7. 프랑스의 정치적 선동에 사용되던 '리벨'은 무엇인가?
8. 아키텐의 엘레노어와 첫 번째 남편 루이 7세의 사이가 벌어진 계기는 무엇인가?
9. 가나의 통치자 야 아산테와가 영국 식민지 지배자로부터 지키고 싶어 했던 것은 무엇인가?
10. 엘리자베스 1세가 얼굴과 손에 바른 화장품의 이름은 무엇인가?

Answers

정답은 211페이지에서 확인하세요.

WARRIORS AND SUPERWOMEN

전사와 슈퍼우먼

구혼자들에게 내기를 걸어 말 1만 마리를 챙긴 공주는?

일본 최초의 진정한 장군으로 칭송받은 여성은 누구였을까?

일본 전사 하면 흔히 화려한 갑옷을 입고 적을 향해 긴 칼을 휘두르는 남자 사무라이를 떠올린다. 그러나 서기 200년경에는 군대를 이끌고 공동체를 지키며 남성들과 함께 전투를 벌이는 '온나부게이샤'라는 여성들이 있었다.

뛰어난 검술을 갖춘 지식인

온나부게이샤의 뿌리는 서기 3세기 때 한국 정벌을 이끌었던 노련한 전사 진구 황후神功 皇后까지 거슬러 올라간다. 여성은 남성보다 못하며 집안일이나 엄마로서의 의무에 충실해야 한다는 인식이 팽배하던 시대에 온나부게이샤는 봉건주의 시대 일본 귀족 무사 계급인 사무라이에 속했다. 이들은 아주 강하면서도 많은 교육을 받은 여성으로 존경받았으며 뛰어난 전사 집단이었다. 이들은 과학과 문학을 공부했으며 오늘날에도 행해지는 '단토주추(단도술)'라는 전통 무술을 연마하고 '코 나기나타'라는 창 휘두르는 법을 배웠다. 이 긴 창은 끝에 치명적인 칼날이 붙어 있었다. 이 창은 남자 전사들이 주로 쓰던 '오 나기나타'보다는 짧아 여자 전사들이 자신의 힘과 기량을 마음껏 발휘할 수 있었다. 또한 온나부게이샤는 결혼 후 남편 집으로 들어갈 때도 늘 양날이 날카로운 '카이켄' 단검을 갖고 다녔다. 25센티미터 길이의 이 단검은 좁은 공간에서 자신을 방어할 때 쓰였으며 할복 같이 의식을 갖춘 자살을 할 때도 쓰였다.

일본 최초의 진정한 장군

온나부게이샤는 자신의 마을, 특히 남성이 드문 공동체를 지키는 전사였다. 그리고 라이벌 가문 사이에 전쟁이 일어날 경우, 남자 전사들과 함께 또는 자신들만의 독자적인 군대 형태로 싸웠다. 1180년 미나모토 가문과 타

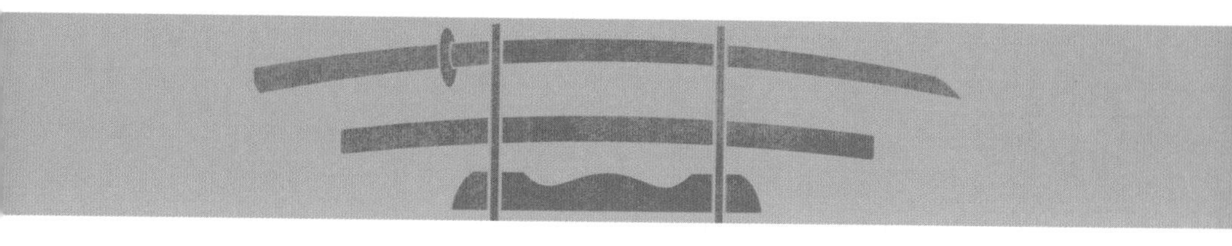

이라 가문 사이에 전쟁이 일어났다. 5년간 계속된 그 겐페이 전쟁에서 미나모토 가문을 위해 싸운 토모에 고젠 장군은 걸출한 온나부게이샤였다. 활쏘기와 말타기에 능했던 그녀는 사무라이가 즐겨 쓰던 '카타나' 검도 아주 잘 다뤘다. 그녀의 군대는 충성스러웠고 또 그녀를 신뢰했다. 전쟁이 끝나가던 1184년 토모에 고젠은 300명의 전사를 이끌고 병력이 2,000명이던 타이라군에 맞서 싸웠다. 이 전투에서 살아남은 건 토모에 고젠을 비롯한 미나모토 전사 5명이 전부였다.

전투에서 거듭 승리하며 명성을 떨치자 미나모토 군주는 그녀를 가리켜 '일본 최초의 진정한 장군'이라 칭했다. 온나부게이샤는 이후 몇 세기 동안 번성해 점점 더 많은 여성이 자신의 가문을 외부 침략으로부터 지키기 위해 무기를 들었다.

마지막 온나부게이샤

1868년 왕실과 에도 막부 간에 이른바 보신 전쟁이 벌어졌다. 국민 사이에선 불만이 팽배했다. 막부 통치하에서 경제가 침체된 데 불만이 많아 왕실이 다시 권력을 되찾길 원한 것이다. 에도 막부 쪽에는 온나부게이샤로 이루어진 특수한 군대가 있었는데, 여장군 나카노 타케코가 이끄는 이 군대는 후에 '조시타이'라 불렸다. 온나부게이샤의 마지막 전투가 된 아이즈 전투에서 나카노 타케코는 용맹하게 싸웠으나 전투 중에 저격을 당했다. 숨이 멈추기 직전 그녀는 자기 여동생에게 적군이 자신의 몸을 전리품으로 가져가지 못하게 자기 목을 쳐달라고 했다. 그녀의 여동생은 그렇게 했고 언니의 머리를 인근 사원의 소나무 밑에 묻었다. 지금도 나카노 타케코는 일본의 마지막 위대한 여전사로 불린다.

부디카 왕비는 왜 로마에 맞서 반란을 일으켰을까?

프라수타구스 왕이 이끌던 이세니족은 오늘날의 노퍽주에 해당하는 잉글랜드 동부를 지배하고 있었다. 서기 43년 로마는 잉글랜드를 침략하면서 이세니족은 건들지 않았으나 몇 년 후 프라수타구스 왕이 죽자 그 기회를 놓치지 않았다.

능욕당한 여인의 분노

부디카Boudicca는 프라수타구스 왕의 아내이자 두 딸의 어머니였다. 그녀에 대해선 알려진 게 거의 없으며 그녀가 죽고 나서 50년 후에 쓴 한 로마 역사가의 기록이 그녀에 대해 현존하는 가장 오래된 기록이다. 그녀의 이름은 '승리'를 뜻하는 켈트어 '보우다bouda'에서 온 것이며 Boadicea로 쓰기도 한다. 부디카는 켈트족으로 알려져 있는데 켈트족 사회에서 여성은 여왕으로 통치할 수 있고 남편과 별개로 자기 재산을 소유할 수도 있었다. 그러나 로마법하에서 여성은 별 권리가 없고 특히 남편의 재산에 대해선 더 그랬다.

서기 60년 세상을 떠나면서 프라수타구스 왕은 가족의 미래를 지키기 위해 로마 황제 네로에게 자기 재산의 반을 넘겨주었다. 그런 자발적인 제스처로 로마인의 마음을 사, 이세니족 여왕으로서 부디카의 위치를 안전하게 지켜주고 싶었던 것이다. 그러나 그의 바람은 철저히 무시됐다. 로마는 이세니 왕국을 합병하고 부족장의 재산을 몰수했다. 부디카의 경우 더 가혹한 운명이 기다리고 있었다. 그녀는 벌거벗겨진 채 채찍질을 당했고 그녀의 두 딸은 로마군에 의해 강간당하고 매를 맞았다. 이처럼 여왕이 능욕당하자 로마를 향한 이세니족의 분노는 하늘을 찌를 듯했다. 큰 상처와 치욕을 당한 부디카는 로마군에 굴복하는 대신 이웃 부족인 트리노완테스족과 손잡고 전쟁 준비를 했다.

전쟁터에서의 부디카

당시 로마의 총독 가이우스 수에토니우스 파울리누스Gaius Suetonius Paullinus는 북웨일스에서 군사 작전을 위해 한동안 서쪽으로 가 있었는데 부디카는 그 시기를 노렸다. 그녀가 끌어모은 반란군은 브리티시 로마의 수도였던 카물로두눔(현재의 콜체스터)을 공격해 로마 9군단을 궤멸시키고 도시를 파괴했다. 그들은 이후 런디니움(현재의 런던)과 베룰라미움(세인

트올번스)으로 진격해 전초 기지를 불태우고 로마군과 그 지지자 7만여 명을 살육한다.

로마군에 진압되다

켈트족은 가공할 힘을 갖고 있었고 기습에 능했다. 그러나 파울리누스 총독이 돌아오자 그들은 최정예 로마군과 맞서야 했다. 갑옷과 창에 근접 전투 무기로 이상적인 단검까지 갖춘 로마군과는 달리, 켈트족은 갑옷도 없었고 적에게 타격을 입히려면 어느 정도 공간이 필요한 긴 칼을 갖고 있었다. 마지막 격전지는 로마의 중요한 도로였던 현재의 밀턴킨스 와틀링 스트리트 근처였던 것으로 전한다. 켈트족은 지나치게 자신에 차 있었고 많은 사람들이 전투 장면을 보기 위해 몰려들면서 마차로 인해 켈트족의 퇴로가 차단되어 버렸다. 로마 군단이 압도적인 힘으로 밀어붙이는 상황에서 켈트족은 도망갈 데도 없었고 비좁은 공간에서의 전투는 곧 끝이 났다.

부디카는 자신의 운명이 이미 정해져 있다는 걸 알고 있었지만 로마에 굴복하지 않고 반란을 일으켰다. 그녀는 설사 전쟁터에서 죽지 않았다 해도 포로로 잡혀 고문당하는 것보단 명예로운 죽음을 택했을 가능성이 높다. 부디카의 마지막 안식처가 어디인지는 지금까지도 밝혀지지 않았다.

자기 귀로 목걸이를 만든 '염소'는 누구일까?

갱단 두목 새디 패럴Sadie Farrell은 19세기에 악명 높은 뉴욕시 포스 워드 지역에 살았다. 그녀는 싸움을 할 때 박치기를 하는 버릇이 있어 '염소'란 특이한 별명을 얻었다. 그러나 패럴의 그런 버릇은 키가 180센티미터가 넘는 같은 갱단 여성 갈러스 매그Gallus Mag와 피 터지는 싸움을 하다 귀를 물어뜯기면서 없어진다. 패럴이 해적이 된 건 그 무렵이다.

해적이 된 '염소' 새디

패럴은 매그에게 치명상을 입힌 뒤 멀리 달아나야 했고 노상강도(그들 중 일부는 악명 높은 '찰튼가 갱'이었다)를 끌어모아 배를 한 척 훔쳤다. 그들은 배에 해골이 그려진 해적기를 매단 뒤 허드슨강과 할렘강으로 나아갔다. 그리고 강을 오르내리며 각종 문제를 일으키고 강기슭에 있는 농가와 대저택을 털었다. 가끔 사람들을 배로 끌고 간 뒤 인질로 잡고 몸값을 요구하기도 했다. 그러나 얼마 후 그들의 행동에 질린 농부들이 강기슭에서 그들을 향해 총을 쏘기 시작하자 해적질은 별 돈벌이도 안 되면서 너무 위험한 일이 되어버렸다.

'강기슭의 여왕'으로 불리던 패럴은 포스 워드 지역으로 되돌아와 다시 옛날식으로 살기 시작했다. 그리고 결국 매그와 화해했는데 매그는 소금물에 절여 기념으로 갖고 있던 패럴의 귀를 돌려주었다. 패럴은 그 귀를 펜던트에 넣어 목에 걸고 다녔다고 한다.

해적의 삶을 꿈꾼 여성들

'검은 수염Blackbeard'이나 바바로사 형제Barbarossa brothers 같은 진짜 해적을 떠올리면 금을 밀수하고 항구를 약탈하는 장면 같은 걸 떠올리게 되지만 역사를 보면 자랑스레 "내게 해적의 삶을!"을 하고 외친 여성도 많다.

앤 보니 Anne Bonny는 빨강 머리의 아일랜드 여성으로 1650년대부터 1730년대까지 계속된 카리브해 해적의 전성기 때 이름을 날렸다. 그녀는 명문가 출신이었으나 해적과 결혼하여 부녀 관계가 끊겼다. 자기 딸이 훗날 남편을 떠나 아주 악명 높은 해적 존 '칼리코 잭' 랙햄John 'Calico Jack' Rackham에게 간 걸 알았다면 아마 더 큰 충격을 받았을 것이다. 그녀의 가장 친한 친구는 **메리 리드**Mary Read로 그녀는 남장을 한 채 영국군에 입대했으나 서인도로 가던 중 해적선의 공격을 받고 어쩔 수 없이 해적이 됐다. 두 여성은 1720년에 갖은 악행을 저지른 혐의로 체포됐으며, 보니는 임신 중이라 교수형을 면했고 리드는 감옥 안에서 열병으로 죽었다.

보니와 리드의 전성기가 지난 1801년, 시 샹 구라는 이름의 중국인 매춘부가 해적에 붙잡혀 '적기 함대'의 무자비한 두목 정 이와 결혼을 했다. 6년 후 남편이 죽으면서 시 샹 구는 배 300척과 4만 명의 해적을 넘겨받았다. 이후 칭 시로 불린 그녀는 적기 함대의 규모를 6배로 키우고 자신만의 규칙과 세법을 가지고 방대한 수상 영토와 군대를 지배했다. 칭 시는 1810년 자신이 데리고 있던 일등 항해사와 결혼하면서 은퇴했고 육지에 정착해 자신의 부를 마음껏 누리며 살았다.

애니 에드슨 테일러의 목재 술통은 무슨 용도로 쓰였을까?

애니 에드슨 테일러Annie Edson Taylor는 미국 남북전쟁으로 1863년 미망인이 되기 전까지는 지극히 평범한 삶을 살았다. 그녀는 온갖 잡다한 일을 다 하며 미국 전역을 돌아다녔고 그러다 미시간주에 정착해 부유층 처녀들을 위한 예비 신부 학교를 열었다. 그러나 가까운 뉴욕 버펄로에서 범아메리카 박람회가 열린다는 글을 읽고 돈을 벌 아이디어가 떠올랐다.

용기를 담은 술통

박람회에 많은 사람이 모일 것이므로 그때 테일러는 목재 술통 안에 들어가 나이아가라폭포 아래로 떨어지는 이벤트를 할 계획이었다. 당시 그녀 나이는 63세나 되어 사람들은 당연히 그녀가 다치거나 죽을 수도 있다며 걱정을 했다. 그래서 먼저 통 속에 고양이를 넣어 떨어뜨려 보았다. 1901년 10월 24일(마침 그녀의 생일이었다) 고양이 실험이 성공하자 테일러는 높이 150센티미터쯤 되는 술통 안쪽에 쿠션을 댄 뒤 그 안으로 들어갔다. 술통은 완전히 밀봉됐으며 자전거펌프를 이용해 공기를 집어넣었다. 사람들은 그 술통이 강으로 끌려 들어가는 걸 지켜보았다. 이젠 되돌릴 방법도 없었다.

술통은 곧 말굽 폭포Horseshoe Falls(나이아가라 최대의 폭포) 끝에서 수직 낙하해 20분쯤 후 하류에서 떠올랐다. 사람들은 테일러가 약간 타박상을 입고 뇌진탕을 일으켰지만 아주 멀쩡하게 통에서 나오는 걸 놀라운 눈으로 지켜봤다. 불행히 테일러가 바랐던 부와 명성은 얻지 못했지만 그녀의 용기에 힘입어 같은 모험을 감행하는 사람들이 생겨났다. 현재 나이아가라 공원법에 따라 공원 위원회의 서면 허가 없이 공원 내에서 곡예 같은 걸 하는 건 불법이다. 테일러가 '믿음의 뛰어내리기'를 한 이후 지금까지 약 15명이 비슷한 곡예를 시도했는데 그중 10명만 살아남았다.

나치는 왜 루드밀라 파블리첸코를 두려워했을까?

소련 붉은 군대의 가장 뛰어난 저격수 중 한 사람인 루드밀라 파블리첸코Lyudmila Pavlichenko는 제2차 세계대전 중 독일군 장교 100명을 포함해 총 309명의 공무원을 살해하는 혁혁한 공을 세웠다. 소련은 전쟁에 대한 지원을 끌어내기 위해 그녀를 미국으로 보내기까지 했다.

저격수를 노리는 저격수

1916년 우크라이나에서 태어난 파블리첸코는 다루기 힘든 말괄량이였다. 그녀는 어린 시절부터 총 쏘는 법을 배웠고 1941년 독일이 소련을 침공했을 때 자진해서 군에 입대하려 했다. 여성은 입대가 허용되지 않았지만 파블리첸코는 일종의 '오디션'을 봐 놀라운 사격 기술을 입증했다. 그녀는 붉은 군대의 제25 소총 사단에 합류해 오데사, 몰다비아, 세바스토폴, 크림반도 등지에서 근무했다. 파블리첸코의 임무 중에는 저격수 저격도 포함돼 있어 무려 3일씩이나 적군 저격수와 장시간 대결을 벌이곤 했다. 그녀는 네 차례나 총에 맞았으나 파편이 얼굴에 박힌 뒤에야 현역 복무에서 제외됐다. 이후 파블리첸코는 다른 저격수를 훈련시키는 일을 맡았다.

영부인과의 여행

1942년 당시 25세였던 파블리첸코는 유럽에 '제2의 전선'을 펴 소련 전선에 대한 독일군의 압박을 줄여달라는 호소를 하기 위해 미국으로 파견됐다. 그녀는 백악관에 초대받은 최초의 소련 시민으로 그곳에서 프랭클린 루스벨트Franklin Roosevelt 대통령과 영부인 엘리너 루스벨트Eleanor Roosevelt를 만났다. 특히 영부인은 파블리첸코를 자신의 강연 여행에 대동해 미국인에게 전투 경험을 들려주게 했다. 이후 두 사람은 친구 사이가 되어 15년 후 엘리너 루스벨트가 모스크바 여행을 할 때 파블리첸코를 찾아왔다고 한다.

가장 위대한 두 야구 선수를 삼진 아웃시킨 여성 선수는 누구일까?

1931년 4월 2일 뉴욕 양키스의 전설 베이브 루스Babe Ruth는 테네시주 채터누가에서 4,000명의 관중이 지켜보는 가운데 홈베이스로 나가 섰다. 당시 양키스 팀은 채터누가 클래스 AA 마이너리그 팀인 룩아웃츠Lookouts를 상대로 시범 경기를 벌이고 있었다. 그때 베이브 루스를 상대로 마운드에 오른 투수는 룩아웃츠 팀이 가장 최근에 영입한 17세 소녀 재키 미첼Jackie Mitchell이었다.

신화적인 야구 선수가 이웃에!

미첼은 멤피스에서 성장했는데 공교롭게도 명예의 전당에 오른 야구 선수 대지 밴스Dazzy Vance가 이웃에 살고 있었다. 그는 미첼에게 공 던지는 법 등 야구의 기본을 가르쳐 주었고 그녀는 야구의 매력에 푹 빠졌다. 미첼의 가족이 채터누가로 이사했을 때 그녀는 야구 학교에 들어갔는데 그곳에서 뚝 떨어지는 독특한 커브볼로 명성을 날렸다. 그러다 룩아웃츠의 구단주 조 엥겔Joe Engel의 눈에 띄어 팀에 입단했다. 미첼은 프로야구팀과 계약을 맺은 최초의 여성이다.

양키스의 살인 타선을 아웃시키다

그 시범 경기에서 양키스 타선은 이른바 '살인 타선'으로 야구 역사상 가장 강력한 타선이라고 기록되었다. 구원투수로 나온 미첼은 루스와 맞대결했다. 루스는 첫 번째 공을 볼로 처리했고 이후 계속 헛스윙하며 삼진 아웃을 당한 뒤 아주 못마땅하다는 듯 배트를 내던졌다. 그다음 타자는 루 게릭Lou Gehrig이었는데 미첼이 던진 공을 계속 헛스윙하며 또 삼진 아웃을 당했다. 경기는 비록 14 대 4로 양키스의 승리로 끝났지만 현지 관중들은 열광했다. 미첼은 이후 1937년까지 계속 여러 아마추어 및 순회 경기 팀에서 야구를 했지만 룩아웃츠 팀과의 계약은 이 시범 경기 직후 끝나 그녀를 기용

그들만의 리그

여성 야구는 19세기 말 '반스토머barnstormers' 라고 알려진 순회공연 팀 형태로 시작되었지만 1943년에 들어서야 비로소 자체 리그를 갖게 된다. 당시 제2차 세계대전으로 인해 많은 남성이 야구장을 떠나 전쟁터로 나가자 야구계는 위기에 처했다. 그래서 12시즌 동안 600명이 넘는 여자 선수가 전미 여성 프로야구 리그AAGPBL에 소속되어 미국 전역의 야구장에서 뛰었다. 이 리그는 한동안 팬을 즐겁게 해주었으나 1954년에 해체됐다.

한 게 순전히 홍보 때문이라는 추측을 더했다. 양키스는 그 이듬해인 1932년에 월드 시리즈 우승을 했고 이후 40년간 계속 야구계를 지배한다.

쇼맨의 홍보 전략이었을까?

양키스 시범 경기는 원래 4월 1일 갖기로 계획되어 경기를 1주일 앞두고 미첼을 기용해 마운드에 세운 것은 입장권 판매를 늘리기 위한 엥겔의 만우절 장난이 아니었나 의심하는 사람도 있다. 또 어떤 사람은 양키스가 장난삼아 일부러 삼진 아웃을 당한 거라고 생각했다.

더욱이 엥겔은 유명한 쇼맨으로 홍보를 위해서라면 어떤 일이든 마다하지 않을 사람이었다. 한번은 자기 팀의 유격수를 칠면조로 바꾼 적도 있었으며 이후 그 칠면조를 잡아 요리를 해 스포츠 담당 기자들에게 대접했다. 미첼을 자기 팀에 데뷔시키면서 확실히 관중이 늘었고 전국적인 관심도 끌었다. 그 시범 경기가 실제 조작된 경기였는지 몰라도 루스와 게릭이 그렇다고 인정한 적도 없고 미첼은 늘 자신이 정정당당하게 두 선수를 삼진 아웃시켰다고 주장했다.

구혼자들에게 내기를 걸어 말 1만 마리를 챙긴 공주는?

쿠툴룬Khutulun은 공주였으며 13세기 몽골인 가운데 가장 매력적인 인물이자 위대한 정복자였던 칭기즈 칸의 증손녀였다. 그러나 쿠툴룬은 진정한 전사를 가리는 시합에서 자신을 꺾는 남성이 나타나지 않는 한 결혼할 생각이 없었다.

무인의 혈통을 이어받은 전사

1260년에 태어난 쿠툴룬은 잘 훈련된 전사로 왕족의 후손인 아버지 카이두 칸Khaidu Khan을 수행해 각종 전투에 참가했다. 당시의 많은 몽골 여성이 그랬듯 그녀 역시 남자 형제 14명과 함께 활쏘기와 말타기, 레슬링 등을 배웠다. 이탈리아 탐험가 겸 작가인 마르코 폴로에 따르면 쿠툴룬은 워낙 강하고 용맹해 자기 아버지의 영토 내에서는 힘겨루기에서 당할 남자가 없었다고 한다. 부모는 쿠툴룬을 결혼시키고 싶어 했으나 그녀는 자신보다 못한 남성에게 정착할 생각이 없었다. 그래서 그녀는 한 가지 제안을 내놓았다. 지구력과 체력, 무술 등을 겨뤄 자신을 꺾는 사람이 있을 경우, 그 사람과 결혼하겠다고 한 것이다. 그러나 구혼자가 패할 경우 그녀에게 말 100필을 선물해야 했다. 말 100필을 내놓아야 할 수도 있지만 공주와 결혼하기 위해서라면 기꺼이 말 100필을 걸 구혼자는 얼마든지 있었다. 그러나 아무도 쿠툴룬을 이길 수 없었다. 구혼 시합을 통해 그녀가 받은 말은 무려 1만 마리에 달했다고 한다.

말 1,000필이 걸린 아주 큰 내기

전하는 이야기에 따르면 1260년 돈 많고 잘

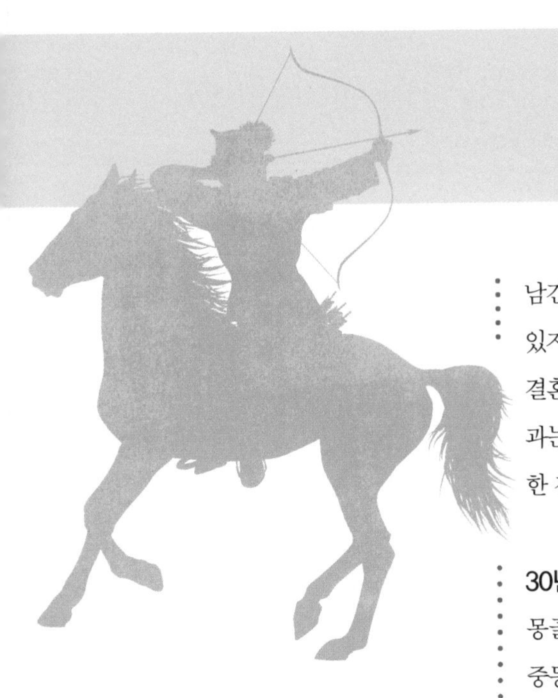

생기고 무술도 뛰어난 한 왕자가 쿠툴룬과 결혼하기 위해 찾아왔다고 한다. 그는 워낙 자신에 차 있었고 100필이 아닌 1,000필을 걸고 레슬링 시합을 요청했다. 쿠툴룬의 부모는 딸을 한쪽으로 데려가 일부러 시합에서 지라고 설득했다. 왕자를 괜찮은 남편감으로 보고 그가 이기게 하라고 한 것이다. 쿠툴룬은 부모의 요청을 받아들이지는 않았지만 왕자의 도전은 선뜻 받아들였다. 드디어 레슬링 시합이 시작됐는데 서로 기술이 막상막하여서 한때 쿠툴룬이 위기에 몰리기도 했으나 그녀는 곧 위기를 넘기고 왕자를 꺾었다. 여성에게 져 많은 걸 잃게 됐다는 사실에 당황한 왕자는 말만 남긴 채 서둘러 떠나버렸다. 이런저런 이견도 있지만 쿠툴룬은 결국 자기가 선택한 남자와 결혼했다고 한다. 그러나 그 시대의 다른 여성과는 달리, 그녀는 남편이나 아들보다는 탁월한 전투 능력으로 더 잘 알려져 있다.

30년간 이어진 집안싸움

몽골 제국은 전성기 때 중국은 물론 유럽과 중동 지역까지 뻗칠 정도로 방대했다. 그러나 쿠툴룬이 태어날 무렵에는 칭기즈 칸의 후손들에 의해 제국이 여러 개로 갈라졌다. 쿠툴룬의 아버지 카이두는 중앙아시아의 상당 부분을 통치했고, 그의 사촌 쿠빌라이 칸은 몽골 제국의 제5대 '카간' 즉 통치자가 되었다. 카이두는 자신의 유목민 생활 방식을 유지하고 싶어 했으나 쿠빌라이는 제국을 통치하면서 중앙아시아를 통해 장거리 무역 루트를 개발하고 싶어 했다. 영토를 둘러싼 30년간의 전쟁 중 쿠툴룬은 아버지를 따라 많은 원정을 다녔으며 용맹함과 자긍심과 체력과 지구력으로 아버지를 놀라게 만들었다.

'흰쥐', '리즈', '절름발이 레이디'의 공통점은 무엇일까?

제2차 세계대전 당시 최전선에선 여성을 만날 일이 거의 없었지만 연합군이 대대적인 반격에 나서기 위해 이른바 D-데이를 준비하던 전쟁 말기에는 많은 여성이 비밀 요원으로 아주 중요한 역할을 수행했다. 당시에는 다른 이름으로 알려졌지만 낸시 웨이크Nancy Wake, 오데트 샌섬Odette Sansom, 버지니아 홀Virginia Hall 이렇게 세 여성이 특히 유명했다.

흰쥐라 불린 신출귀몰 영웅

당시 20세였던 호주의 간호사 낸시 웨이크는 호주를 떠나 뉴욕, 런던, 파리를 여행하다가 파리에 정착해 저널리스트로 일했다. 1933년에는 아돌프 히틀러를 인터뷰하기도 했다. 연합군이 독일을 상대로 선전포고를 한 지 두어 달 후 그녀는 부유한 프랑스 기업가와 결혼했으며 남편과 함께 프랑스 레지스탕스에 합류해 프랑스에서 유대인과 연합군 조종사를 몰래 빼돌리는 일에 앞장섰다. 1943년에는 영국 특수작전부대SOE 프랑스 지부 요원과 함께 영국에서 훈련을 받았다. 1944년 남성 430명과 여성 39명의 요원 중 한 사람으로 낙하산을 타고 다시 프랑스에 잠입해, D-데이를 준비하는 데 필요한 각종 무기와 장비의 공중투하를 도왔다. 그런 다음에는 오베르뉴 북부에서 7,000명의 게릴라 부대를 이끌고 나치군에 맞서 싸웠다. 웨이크는 독일 비밀경찰 게슈타포의 지명수배자 명단에도 올랐는데 그들은 그녀가 하도 신출귀몰해 '흰쥐'라 불렀다. 그러나 세계는 웨이크를 영웅이라 불렀고 그녀는 영국의 조지 십자훈장, 미국의 자유 훈장, 프랑스의 레지옹 도뇌르 훈장 등을 받아 제2차 세계대전으로 훈장을 가장 많이 받은 여성이 되었다.

목숨 걸고 동료를 지킨 에이전트 S.23

영국에 살고 있던 프랑스 여성이자 엄마였던

오데트 샌섬은 독일에게 점령당한 프랑스에서 가족이 고통 받고 있다는 말을 듣고 1942년 영국 특수작전부대에 들어갔다. 샌섬은 'F 섹션'에 소속된 요원 S.23이 되었으며 암호명은 '리즈Lise'였다. 프랑스 칸에 도착한 뒤 레지스탕스에 합류했으나 정체가 노출되는 바람에 게슈타포에 체포된다. 나치 경찰은 그녀의 발톱을 다 뽑고 시뻘겋게 달궈진 부지깽이로 등을 지지는 등 온갖 잔인한 고문을 다했지만 샌섬은 끝내 동료 요원의 정체를 밝히지 않았다. 전쟁이 끝나기까지 샌섬은 독일 라벤스브뤽 강제수용소에서 거의 1년을 보냈다. 샌섬은 영국의 조지 십자 훈장과 프랑스의 레지옹 도뇌르 훈장을 함께 받은 최초의 여성이다.

왼발을 저는 가장 위험한 스파이

프랑스로 처음 보내진 여성 영국 특수작전부대 요원은 미국인 무전병 버지니아 홀이었다. 홀은 〈뉴욕 포스트〉 기자로 위장한 채 프랑스 리옹에서 2년간 스파이 일을 했다. 낸시 웨이크와 마찬가지로 레지스탕스 조직을 만들었고 격추 당한 비행기 조종사를 도왔으며 영국군에게 무기 및 자금 낙하지점을 알려주는 일을 했다. 홀은 게슈타포에 의해 '연합군 스파이 중 가장 위험한 스파이'로 여겨졌다. 그들은 그녀의 정체를 알지 못했으나 걸음걸이 때문에 그녀를 '절름발이 레이디'라 불렀다. 홀의 왼쪽 다리가 의족이었기 때문이다. (홀은 전쟁이 일어나기 몇 년 전 사냥 도중 사고를 당해 왼쪽 다리를 잃었다.) 후에 홀은 미국의 전략사무국OSS에 들어가 무전병으로 프랑스에 되돌아갔으며 독일군의 눈을 피하기 위해 나이 든 우유 짜는 여자로 위장했다. 홀은 여행 가방 안에 무전기를 넣어 다니면서 모스부호로 런던에 메시지를 보냈다.

체로키족의 마지막 '사랑하는 여성'은 누구일까?

나니에히 워드Nanyehi Ward는 1738년경에 태어나 체로키족의 성스런 지역인 초타(오늘날의 미국 테네시주 동부)에서 살았다. 명문가인 늑대씨족의 후손(워드의 증조부는 유명한 지도자였던 대추장 텔리코의 모이토이였다)인 그녀의 이름은 훗날 체로키족에게 아주 중요한 이름이 된다.

쓰러진 남편의 총을 집어 들다

워드는 체로키족이 고통 받던 시대에 태어났다. 영국 선교사들은 체로키족과 함께 살며 그들을 기독교로 개종시키려 애썼다. 체로키족의 전통적인 믿음과 관습이 위협받았던 것이다. 엎친 데 덮친 격으로 체로키족은 영토 문제를 둘러싸고 머스코지 크리크족과 적대적인 관계였다. 10대에 접어들어 워드는 사슴씨족 출신의 강인한 전사 킹피셔와 결혼을 했다. 두 사람은 두 아이를 낳았지만 킹피셔는 애들이 크는 걸 지켜볼 수 없었다.

1755년 부부는 머스코지 크리크족과의 탈리와 전투(가장 격렬한 전투였다)에 함께 출전했다. 전투는 체로키족이 이기고 있었지만 킹피셔는 전투 중에 목숨을 잃었다. 당시 워드는 18세밖에 안 됐지만 남편만큼이나 용감무쌍했다. 그녀는 남편의 총을 집어 들고 큰소리로 군가를 부르며 앞장서 체로키족을 승리로 이끌었다.

신탁을 전하는 기가우

체로키족은 그 후 워드에게 '기가우Ghigau' 즉 '사랑하는 여성'이란 직책을 부여했다. 체로키족은 신이 기가우를 통해 사람에게 자신의 뜻을 전한다고 믿었다. 엄청난 영향력을 지닌 이 직책 덕에 워드는 족장 회의에 참석할 수 있게 되고 여성 회의의 리더가 되었으며 그밖에 다른 중요한 책임을 맡았다. 워드는 또 출정식에 참석한 전사들이 마실 차를 준비하는 일을 하고 전쟁 포로를 어떻게 할 것인지에 대한 결정권도 가졌다. 어린 여성에게 이렇게 막중한 역할이 주어지는 경우는 아주 드물었으

나 체로키족은 워드가 전투에서 보여준 용맹함과 지도력을 생각하면 그런 대우를 받을 만하다고 생각했다.

평화도 만들고 버터도 만들고

체로키족의 땅에 정착하는 백인이 점점 더 많아지면서 영국 왕의 '1763년 선언(애팔래치아산맥 서쪽 지역을 아메리카 원주민의 땅으로 인정)'을 어기는 일이 잦아지자 워드는 평화 중재자 역할을 떠맡는다. 그녀는 1759년경에 브라이언트 워드Bryant Ward라는 백인 무역상과 재혼하며 이름을 낸시 워드Nancy Ward로 바꾼다. 1776년 6월 워드는 체로키 족장 3명이 와토가 강가에 불법적으로 건설된 백인 정착촌을 공격할 계획이라는 소식을 접한다. 워드는 불필요한 유혈 사태를 막기 위해 그곳 정착민들에게 미리 경고를 해주지만, 결국 7월에 체로키족이 다시 공격을 하면서 리디아 빈Lydia Bean이라는 백인 여성이 포로로 잡혀 왔다. 빈은 화형 선고를 받은 뒤 터스키기 중심지에 설치된 화형대에 오른다. 그러나 기가우인 낸시 워드에게는 리디아 빈에게 관용을 베풀 권한이 있었다. 워드는 빈을 풀어준 뒤 그녀의 집까지 데려다주었다. 빈은 워드의 은혜에 보답하는 뜻으로 버터 만드는 법과 천 짜는 법을 가르쳐 주었고 워드에게 가축을 키우라는 조언을 해주었다. 그렇게 해서 낸시 워드는 젖소를 키우는 최초의 체로키인이 되었다고 한다.

우주비행사 페기 윗슨이 더욱 특별한 이유는 무엇일까?

아이오와주 시골의 한 농장에서 자란 페기 윗슨Peggy Whitson의 꿈은 나사NASA의 우주비행사가 되는 것이었다. 하지만 자신의 꿈이 그렇게 위대하게 실현될지는 상상도 못했다.

10번의 도전 끝에 받아 든 합격증

윗슨은 1978년 고등학생 때 나사에서 최초의 여성 우주비행사를 모집한다는 사실을 알게 된다. (나사는 1983년 샐리 라이드Sally Ride를 7번째 우주왕복선 미션에 참여시켜 사상 최초로 여성을 우주에 보냈다.) 윗슨은 결국 생화학자로 나사에 합류해 셔틀-미르 프로그램을 위한 프로젝트 과학자로 일했다. 그리고 우주비행사 훈련에 10번 신청한 끝에 1996년, 합격증을 받았다.

기록 갱신 또 기록 갱신

2002년, 수년간의 훈련 끝에 윗슨은 6개월간의 국제우주정거장ISS 임무로 처음 우주에 나가게 된다. 그리고 국제우주정거장에서 최초의 나사 과학 전문가로서 생명과학 및 미세중력과 관련된 21가지 과학적인 조사를 수행한다. 윗슨은 국제우주정거장에 두 차례 더 장기간 머물게 된다. 그중 한 번은 2007년부터 2008년까지로 당시 그녀는 국제우주정거장 사상 최초의 여성 사령관이 된다. 또 다른 한 번은 2016년부터 2017년까지로 두 차례나 국제우주정거장 사령관이 된 최초의 여성이 된다. 또한 한 우주여행에서 다음 우주여행 사이에 윗슨은 여성으로는 최초로 최고위 직책인 수석 우주비행사로 일했다. 윗슨이 세운 기록은 여기서 끝이 아니다. 현재 우주 유영을 가장 오래 한 여성이라는 기록도 갖고 있고 그 어떤 미국 우주비행사보다 많은 시간인 665일(생애 중 거의 2년)을 우주에서 보낸 사람이라는 기록도 갖고 있다. 윗슨은 2018년까지 나사에서 일했다.

전사와 슈퍼우먼

WARRIORS AND SUPERWOMEN

그들은 우주로 날아가거나 국민을 전쟁터로 이끌거나 나치 저격수를 저격했다. 당신은 그저 퀴즈에 답하기만 하면 된다. 얼마나 쉬운가!

Questions

1. 베이브 루스와 루 게릭이 포함된 양키스 타선을 뭐라고 불렀는가?
2. 부디카가 이끄는 반란군은 로마에 맞서 싸우며 제일 먼저 어떤 도시를 파괴했는가?
3. 낸시 웨이크, 오데트 샌섬, 버지니아 홀이 속해 있던 영국 정보기관의 이름은 무엇인가?
4. 루드밀라 파블리첸코의 1942년 백악관 방문은 어떤 점에서 특별했는가?
5. 우주로 날아간 나사의 첫 여성 우주비행사는 누구인가?
6. 애니 에드슨 테일러가 직접 시도하기 전에 먼저 술통을 타고 나이아가라폭포 밑으로 떨어진 것은 무엇인가?
7. 쿠툴룬과 결혼하려는 구혼자는 내기에 얼마나 많은 말을 걸어야 했는가?
8. '염소'라 불린 새디는 해적이 되어 어떤 강을 오르락내리락했는가?
9. 체로키족은 탈리와 전투에서 누구와 맞서 싸웠는가?
10. 온나부게이샤가 휘두른 양날이 뾰족한 단검의 이름은 무엇인가?

Answers

정답은 212페이지에서 확인하세요.

CRIME AND PUNISHMENT

죄와 벌

거친 서부 개척 시대,
진짜 거친 여성들이 있었다던데?

미국 최초의 여성 탐정은 어떻게 대통령 암살을 막았을까?

1865년 워싱턴 D.C. 포드 극장에서 남부 연합 지지자 존 윌크스 부스John Wilkes Booth가 에이브러햄 링컨을 향해 총을 쏜 것은 미국 역사상 가장 유명한 암살 장면 중 하나다. 하지만 그로부터 4년 전에도 대통령 암살 시도가 있었고 그걸 저지하는 데 한 여성이 일조했다는 사실은 잘 알려져 있지 않다.

뛰어난 위장술로 공을 세운 여성 탐정

1856년 8월, 젊은 미망인 케이트 원Kate Warne이 시카고에 있는 핑커톤 전미탐정사무소에 들어와 일자리를 부탁했다. 그녀는 비서직이 아니라 일급 탐정 자리를 원했다. 원은 앨런 핑커톤Allan Pinkerton에게 자신이 여성이어서 위장 근무에 유리하다는 걸 설득했고 그는 그런 그녀의 주장을 받아들였다. 핑커톤은 이와 관련해 1874년 이런 말을 했다. "사실 여성을 채용한 건 처음 해보는 시도였습니다. 하지만 우린 지금 진보하는 시대, 진보하는 국가에 살고 있습니다."

탐정 사무소에서 일하는 동안 원은 각종 증거를 수집하고 단서를 찾아내며 자신의 진가를 입증해 보였다. 일례로 1859년에는 마담 임버트Madame Imbert라는 여성으로 변신해 회사 자금 5만 달러를 훔친 애덤스 익스프레스 배달 기사의 부인인 벨 마로니Belle Maroney에게 접근했다. 몇 개월에 걸친 위장 활동 끝에 원은 결국 나단 마로니Nathan Maroney의 유죄 입증에 필요한 증거를 확보하는 데 성공한다. 원은 또 점쟁이로 위장해 독살 계획을 밝혀내기도 했고 남북전쟁 기간 중에는 핑커톤의 아내로 변신해 군사 정보를 수집하기도 했다. 그러나 원이 가장 큰 공을 세운 것은 역시 1861년 핑커톤 전미탐정사무소가 대통령 당선자 에이브러햄 링컨을 보호하는 일을 맡았을 때였다.

용의주도한 첩보 수집의 성과

필라델피아, 윌밍턴, 볼티모어 철도 공사의 책임자는 원래 워싱턴 D.C.에서 분리독립주의자의 공격이 있을 거라는 우려 때문에 핑커톤과 계약을 맺었다. 분리독립주의자가 대통령 취임식을 저지하고 철도망을 통한 링컨의 여행 계획을 좌절시키고 또 수도로 들어오고 나가는 모든 루트를 장악하려 한다는 소문을 들었던 것이다. 그래서 대통령 취임식을 불과 6주 앞두고 케이트 원을 비롯한 핑커톤 요원들은 각 정당과 볼티모어 전역의 술집에 잠입해 분리독립주의자의 계획에 대해 알아내기 시작했다. 볼티모어는 링컨이 열차를 갈아타야 하는 곳으로 1.6킬로미터 정도 걸은 뒤 다음 행선지에 갈 열차에 올라탈 예정이었다.

그들의 추측은 정확했다. 부유한 남부 사회주의자로 변신한 원은 분리독립주의자가 싸움을 벌여 볼티모어 캘버트 스트리트 역 경비병의 주의를 분산시킨 뒤 무장 병력을 풀어 링컨을 에워쌀 계획이라는 걸 알아냈다. 철로를 지킬 요량으로 탐정을 불러 모았지만 사실 그들이 지킬 대상은 대통령 당선자였다.

대통령을 지켜라!

그들은 링컨의 일정을 바꿔 그가 수행원도 없이 계획보다 이른 한밤중에 볼티모어에 도착하게 했다. 또한 케이트 원은 링컨이 눈에 띄지 않게 하려고 열차 뒤쪽 침대차 칸에 2인용 자리 4개를 확보했다. 그리고 링컨의 여동생으로 변장한 뒤 역무원에게 오빠가 워낙 병약해 예민하니 주변에 사람들이 오지 않게 해달라고 부탁했다. 그런 다음 눈에 띄는 링컨의 골격과 신체 특징을 가리기 위해 링컨에게 숄을 두르고 모자를 씌운 뒤 지팡이를 짚게 했다. 작전은 성공이었다. 링컨은 무사히 워싱턴에 도착해 취임식을 치를 수 있었고 케이트 원은 여성 탐정 감독관으로 승진했다.

어떤 러시아 귀족 여성이 38명을 살해한 혐의로 투옥됐을까?

1730년, 다리야 니콜라예브나 살티코바Darya Nikolayevna Saltykova는 러시아 귀족이 무소불위의 힘을 자랑하던 시기에 특권층 귀족 집안에서 태어났다. 그래서 그녀가 제멋대로 살아도 그녀를 막을 수 있는 사람이 없었다.

포악하고 잔인한 미망인

살티코바는 결혼을 잘했다. 러시아 황실 근위대 기병 연대 지휘관인 글레브 알렉산드로비치 살티코바Gleb Alexandrovich Saltykova와 결혼을 한 것이다. 그들은 모스크바에 대저택 한 채, 트로이치코예에 여름 별장 한 채 등 호화로운 집이 2채나 있었고 최고의 명문 가문과

교류를 했다. 1756년 글레브가 두 아들을 남기고 죽자 집안의 농노와 소작농은 전부 미망인인 살티코바가 관리하게 된다. 소작농은 자신의 자유를 위해 일하므로 엄밀한 의미에서 노예는 아니었으나 그들의 삶의 질은 전적으로 고용주의 선의에 달려 있었다.

살티코바는 집안 관리를 인정사정없이 엄하게 했다. 청결과 질서에 집착해 사소한 잘못에도 버럭버럭 화를 냈고 처벌도 갈수록 포악해졌다. 그녀는 하녀들을 며칠씩 빈 헛간에 가두었고 어린아이에게 심한 매질을 했다. 그녀의 잔인성은 점점 살인적인 행위로 변해 갔다. 살티코바에 대한 최초의 공식 고발 내용은 임신한 처녀를 때려 죽였다는 것이었다. 그러나 증인들의 증언에도 불구하고 경찰은 처음부터 그녀를 처벌할 의사가 없었다. 귀족 여성을 체포하는 것은 안 좋은 선례가 될 것이라고 생각한 것이다.

농노의 폭로와 황제의 지시

잔학 행위는 계속됐다. 살티코바는 한 여성의 머리에 불을 질렀고 11세 소녀를 계단 아래로 밀어버리기도 했다. 그녀는 마굿간지기 예

르몰라이 일린Yermolai Ilyin의 세 아내를 차례로 죽인 뒤에야 마침내 마땅한 벌을 받게 된다. 살티코바는 일린을 협박했으나 그는 더 이상 참지 않았다. 그는 경찰을 찾아가 살티코바가 100명 이상의 농노를 죽였다는 내용의 편지를 한 통 제출했다. 당시 새로 황제가 된 예카테리나 2세는 마침 귀족의 권한을 제한하려 했으며 세상을 향해 러시아가 인도적이고 개화된 나라라는 걸 보여주려 애쓰고 있었다. 살티코바 사건을 전해 들은 황제는 철저한 수사를 지시했다. 곧 고발이 이루어져 살티코바는 재판을 받게 됐고 38명을 죽인 혐의로 유죄판결을 받았다. 살티코바는 끝내 자기 죄를 자백하지 않았으나 남은 평생, 33년을 감옥에서 보냈고 그중 11년은 지하 감옥에서 보냈다.

피에 굶주린 백작 부인

기네스 세계기록에 따르면 가장 많은 사람을 죽인 여성 살인자는 헝가리의 귀족 여성 에르체베트 바토리Elizabeth Báthory였다. 살티코바가 자신의 농노들을 무자비하게 살해한 것보다 1세기 남짓 이전의 일이다. 바토리는 카르파티아산맥(오늘날의 슬로바키아)에 있는 차흐티체 성에 살았다. 그녀는 나다스디 백작과 결혼했고 살티코바의 경우와 비슷하게 남편이 죽은 뒤 현지 소작농 처녀를 죽인다는 소문이 돌았다. 1609년 조사를 벌인 결과, 바토리는 젊음을 유지하기 위해 처녀를 죽인 뒤 흡혈귀처럼 그 피를 마시거나 피로 목욕을 했다고 한다. 그녀의 기괴한 믿음 때문에 600명 이상의 여성이 살해된 걸로 전한다. 바토리를 도운 하인들도 공범으로 처벌 받았으나 정작 바토리는 가벼운 형을 받아 1614년 세상을 뜰 때까지 자기 성에 유폐됐다고 한다.

거친 서부 개척 시대, 진짜 거친 여성들이 있었다던데?

1800년대 말, 〈버펄로 빌의 와일드 웨스트Buffalo Bill's Wild West〉 같은 쇼가 미국과 전 세계를 돌며 공연을 했다. 그 쇼에서는 서부 개척 시대를 연상케 하는 각종 퍼레이드와 재연, 촌극이 펼쳐졌고 애니 오클리Annie Oakley 같은 여성 명사수도 등장했다. 그러나 실제 서부 개척 시대에는 많은 여성이 법에 저촉되는 일을 하며 거칠게 살았다.

짜릿한 서부를 꿈꾸던 비정한 하트

캐나다 출신의 두 아이 엄마 펄 하트Pearl Hart는 자신이 본 순회공연에서 많은 영향을 받아 '거친 서부'에서의 짜릿하고 독립적인 삶을 좇아 아이들까지 버리고 고향 토론토를 떠났다. 그러나 점차 열기를 잃어 가는 19세기의 애리조나로 건너간 하트는 조용하지만 개화된 국경 지역에 머물게 된다.

하트는 요리사로 일했지만 금전적으로 아주 힘겨웠다. 그러다 독일 농부인 조 부트Joe Boot를 만났다. 두 사람은 은을 채굴하기 시작했지만 재미를 보지 못했고 사람들에게서 돈을 뺏기 시작했다. (하트가 피해자를 유혹하면 부트가 현장을 덮쳐 바람난 아내를 둔 남편 행세를 했다.) 결국 두 사람은 한 방에 큰돈을 벌 계획을 짰다. 역마차를 턴 것이다. (하트는 피해자 한 사람당 1달러는 돌려줬다고 한다.) 그러나 두 사람은 4일 만에 붙잡힌다. 하트는 5년 형을 선고받았으나 현지 유명인이 된 그녀가 감옥에 있는 것 자체가 혼란을 초래했고 결국 그녀는 18개월만 복역했다. 이후의 행적에 대해선 알려진 게 거의 없으나 한 이야기에 따르면 예전에 자신에게 영향을 주었던 순회공연단 단원이 됐다고 한다. 현실 속의 애니 오클리가 됐다는 것이다.

영거즈 벤드에서 시작된 스타 부부의 악행

1880년 메이 셜리May Shirley(벨Belle이라고도 한다)는 악명 높은 무법자 제시 제임스Jesse James와 영거Younger 형제들 같이 불량한 사람들과 어울리는 체로키 인디언 샘 스타Sam Starr와 결혼했다. 1848년에 태어난 셜리는 미주리주의 골칫거리 짐 리드Jim Reed(오스틴-샌안토니오 역마차 강도 사건을 저지른 뒤 구금 중에 살해당했다)가 활동하던 혼란기도 거친 여성이다. 스타 부부는 오늘날의 앨라배마에 영거즈 벤드라는 목장을 갖고 있었다. 온갖 무법자들이 모이던 곳으로 스타 부부의 많은 범죄 역시 이곳에서 시작됐다. 두 사람은 1883년 말 도둑질 혐의로 구속됐으며 이후 몇 년간 계속 우체국 강도를 비롯한 여러 가지 혐의로 기소됐으나 유죄 선고를 받은 적은 없다. 샘은 1887년에 살해됐고 2년 후 셜리 역시 등에 총을 맞아 죽었다. 범인은 끝내 잡히지 않았으나 주변에 의심 가는 인물이 한둘이 아니었다.

피로 물든 벤더 가족

일명 '피에 굶주린 벤더 가족Blooy Benders'은 오늘날의 캔자스주 체리베일 지역 일대에서 21명을 살해했다. 이 네 식구는 가짜 이름을 사용했고 여행객을 그레이트 오시지 트레일에 있던 자신들의 여관으로 유인했다. 딸인 케이트 벤더Kate Bender(본명은 엘리자 그리피스Eliza Griffith)는 신통력 있는 영매 행세를 해 미모와 영적인 능력으로 고객을 끌어들였다. 저녁 식사 시간에 가족 중 한 사람이 해머로 희생자를 공격한 뒤 지하실로 끌고 가 목을 찌르고 돈을 뺏었다. 계속 사람들이 실종되자 마을 사람들은 지역 내 모든 집을 수색하기로 했다. 그러나 벤더 가족은 이미 도망가 잡히지 않았다. 그들의 집을 수색한 주민들은 피가 흥건하고 악취가 진동하는 지하실과 여기저기 희생자들이 묻혀 있는 정원을 발견했다.

연쇄 살인마 벨 기네스는 어떻게 희생자를 자기 집으로 끌어들였을까?

1908년 벨 기네스Belle Gunness의 집에 불이 나 무너졌는데 건물 잔해 속에서 머리가 없는 여성과 세 아이의 시신이 발견된다. 그러나 수사관을 정말 경악케 한 것은 따로 있었다.

결혼을 미끼로 한 살인

기네스의 사유지에서 심하게 훼손되고 부패한 12명의 남자 시신이 묻혀 있는 게 발견됐다는 보도가 나가자 2만 명 가까운 사람이 폐허가 된 인디애나주 라포트에 있는 그녀의 집을 다녀갔다. 남편과 사별한 기네스는 현지의 스칸디나비아 신문에 구혼 광고를 내 순진한 독신남을 농장으로 유인했다. 그 당시 미국 중서부 지역에는 노르웨이계 싱글 남성이 많아 농장주가 된다는 건 큰 유혹이었다. 일단 희생자의 신뢰를 얻으면 독약을 먹여 몽둥이로 때려죽인 뒤, 지하실에서 시체를 토막 냈다. 기네스는 키가 약 180센티미터에 체중이 110킬로그램이 넘어 희생자의 시신을 비교적 쉽게 처리한 걸로 알려졌다.

신원을 알 수 없는 시신

집에 불이 나기 직전 기네스는 목숨의 위협을 느껴 변호사를 찾았다. 그녀는 자신이 한때 고용했던 인부이자 전 남자 친구인 레이 램피어Ray Lamphere가 자신을 죽이려 한다면서 그와의 문제를 정리하고 싶어 했다. 램피어는 자신이 기네스의 새로운 남자 친구(마지막 희생자이기도 했다)인 앤드류 헬게리엔Andrew Helgelien 때문에 버림받은 것에 격분해 있었다. 램피어는 기네스의 범죄에 대해서도 다 알고 있었던 듯하지만 방화 혐의에 대해서만 유죄판결을 받았고 아이들 살해에 대해선 무죄판결을 받았다. 그리고 머리가 없는 시신은 기네스가 아닐 수도 있다는 의혹이 많았다. 다른 여성의 시신을 이용해 자신이 죽은 걸로 꾸민 뒤 흔적도 없이 사라져버렸다는 것이다.

미국의 조지아 앤 로빈슨과 영국의 시슬린 페이 앨런의 공통점은 무엇일까?

1915년 아프리카계 미국인 여성 대표단은 로스앤젤레스 경찰서장 클래런스 스니벨리 Clarence Snively에게 흑인 여성도 경찰관으로 채용해달라는 청원을 넣었다. 그리고 1919년 최초의 아프리카계 미국인 여성이 경찰관 취임 선서를 했다. 그러나 영국에서는 이 같은 변화가 좀 더 느렸다.

미국 경찰계의 새로운 역사

조지아 앤 로빈슨Georgia Ann Robinson은 원래 1916년 수간호사로 로스앤젤레스 경찰청에 들어갔다. 봉급도 받지 못했고 경찰 제복도 입지 못했다. 여성 경찰관의 자격 기준은 남성 경찰관에 비해 아주 높아 나이는 30세에서 44세 사이, 대학 교육을 받고 결혼을 해 가능하면 자녀가 있어야 하며 공무원 시험에도 합격해야 했다. 그러나 지역사회 활동에 힘입어 1919년 6월 10일 로빈슨은 미국 최초의 아프리카계 미국인 여성 경찰관이 되었다. 로빈슨은 13년간 경찰관으로 근무하며 주로 청소년 및 살인 사건을 다루었다.

영국 경찰 시험의 최종 합격자

로빈슨이 경찰관 취임 선서를 한 지 49년 만에 영국에서도 최초의 흑인 여성 경찰관이 탄생했다. 1968년 런던 남부 크로이던에서 시슬린 페이 앨런Sislin Fay Allen이라는 간호사가 신문광고를 보고 경찰관 모집에 지원서를 냈다. 선발일 날 앨런은 유일한 흑인이었고 단 10명의 여성 중 하나였다. 앨런은 각종 시험을 보고 건강진단을 받은 끝에 최종 합격해 새로운 역사를 썼다. 기자들에겐 좋은 뉴스거리였다. 앨런이 담당 구역을 순찰하면 사람들이 호기심 어린 눈으로 쳐다봤다. 후에 앨런은 런던경찰국의 행방불명자 조사국으로 전보됐다. 그리고 1972년 런던경찰국을 떠나 자메이카로 갔고 그곳에서 다시 경찰에 합류했다.

리지 보든은 정말 자기 부모를 살해했을까?

1892년 여름이 끝나 갈 무렵 앤드류 보든Andrew Borden과 그의 아내 애비Abby가 함께 살해된 사건은 매사추세츠주의 한 작은 제분소 도시를 충격에 빠뜨렸다. 유력한 용의자는 앤드류의 딸이었지만 그녀는 무죄 평결을 받았다.

잔인한 도끼 살인범

1892년 8월 4일 폴 리버, 당시 32세였던 리지 보든Lizzie Borden은 아버지와 새엄마 그리고 여동생 엠마Emma와 함께 살고 있던 집의 거실로 걸어 들어갔다. 그녀는 하녀인 브리짓Bridget을 향해 소리를 질렀고 브리짓은 바로 달려왔다. 은행장이던 리지의 아버지는 죽은 채 소파에 누워 있었는데 그의 머리는 작고 날카로운 도끼로 10여 차례 난타당해 있었다. 몇 분 후 두 사람은 2층 손님용 방에 누워 있는 보든 부인을 발견했다. 그녀의 몸은 이미 차가웠고 같은 무기로 18차례나 난타당해 있었다.

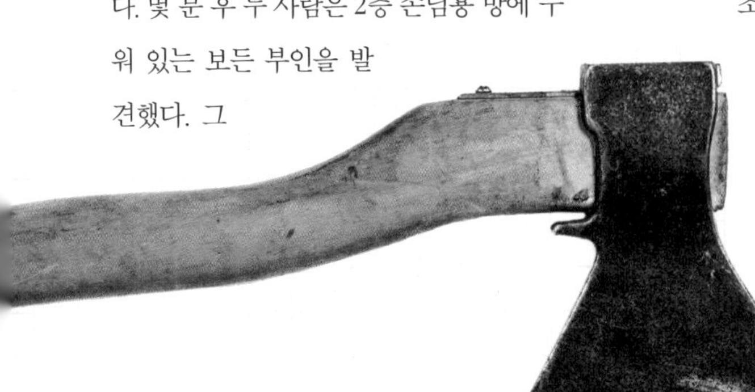

유력한 용의자로 지목되다

경찰은 바로 리지를 용의자로 지목했다. 리지의 태도가 그런 끔찍한 일을 당한 여성에게서 흔히 볼 수 있는 태도가 아니었기 때문이다. 리지는 끔찍한 시신들을 봤고 또 아버지와 새엄마를 잃었는데도 눈에 띄는 공포나 슬픔 같은 걸 보이지 않았다. 수상한 점은 또 있었다. 그녀의 아버지는 꽤 부자였고 딸들이 모든 걸 상속받게 되어 있었다. 그렇다면 리지가 돈 때문에 그들을 살해한 걸까? 살인 사건이 있기 바로 전날 리지가 치명적인 독약인 사이안화수소를 구입했다는 약국 점원의 증언도 그녀에게 불리했다.

조사 과정에서 밝혀진 바지만 사건이 있던 날 리지의 행적도 앞뒤가 안 맞고 뭔가 석연치 않았다. 그녀는 경찰에게 2주 전쯤 의문의 남자가 집에 찾아와 사업 문제로 아버지와 얘기를 나누다 언쟁을 벌이고 떠났다고 했지만 그 남자의 이름은 대지 못했다. 결국 경찰은 심증을 굳혔고 사건 1주 후 리지를 살인 혐의로 기소했다. 이 일은 곧 지역사회에 큰 충격을 던졌다. 리지처럼 부와 사회적 지위를 가진 여성이 살인이 아니라 그 어떤 범죄 혐의로든 기소되는 일은 거의 없었기 때문이다.

받아들일 수 없는 범죄

결국 리지는 사람들의 그 같은 인식 덕에 또 그녀가 범인이라는 걸 보여줄 확실한 물적 증거가 없다는 사실 덕에 무죄로 방면됐다. 10개월 후 리지가 법정에 섰을 때 배심원들은 모든 걸 다 가진 부유한 여성이 여차하면 사형 선고를 받을 수도 있는 그렇게 악랄하고 난폭한 살인을 저지를 수 있다는 사실을 받아들이지 못했다. 그러나 이 사건은 전국적인 이슈가 되었고 리지의 평판은 완전히 땅에 떨어졌다. 무죄로 석방된 뒤 리지는 자기 여동생과 함께 부자 동네에 대저택을 구입했다. 그러나 자매간에 불화가 생기면서 리지는 결국 혼자 그 집에서 살게 됐고 1927년 67세 나이로 세상을 떠났다.

시로 남겨진 악행

리지 보든이라는 이름은 법원 기록에선 깨끗이 지워졌지만 살인을 저지르고도 처벌받지 않은 사악한 여성으로 묘사된 다음과 같은 시가 인기를 끌면서 그 이름은 영원히 잊히지 않게 되었다.

리지 보든은 도끼를 들었네
자기 엄마를 마흔 번이나 내리쳤네
자기가 해놓은 짓을 보고
아버지를 마흔 한 번이나 내리치고

미유키 이시카와 산파는 왜 연쇄살인범이 되었을까?

제2차 세계대전 이후 일본은 인구 폭발과 심각한 식량 부족 사태를 겪었다. 대부분의 사람이 아이를 키울 여력이 없었지만 낙태는 불법이었고 피임은 드물었다. 미유키 이시카와는 이렇게 곤경에 빠진 부모에게 '도움'을 줄 충격적인 방법을 찾아냈다.

100명이 넘는 아이를 죽음으로

이시카와는 결혼한 산파로 계속적인 승진을 통해 1940년대 말에는 코토부키 산부인과 병원 원장이 되었다. 소아 방치니 유기니 하는 말을 들어볼 수 없던 시대에 그녀는 그런 일을 완전히 처참한 지경으로 몰아넣었다. 이시카와는 소아 방치를 통해 자신이 돌보던 유아 100명 이상을 죽음으로 내몰았다. 어떤 아기들은 병원 내에서 의도적으로 방치됐지만 어떤 부모들은 이시카와에게 돈까지 줘 가며 가짜 사망진단서를 끊고 원치 않는 아이를 처리해 주길 바랐다. 아이가 다 클 때까지 키우는 것보다 훨씬 돈이 덜 드는 방법이었기 때문이다.

낙태 합법화로 이어진 사건

1948년 도쿄의 와세다 지역에서 유아 시체 5구가 발견됐다. 검시관은 그 유아들이 자연사한 것이 아니라고 증언했고 이후 진행된 조사 결과, 죽은 유아가 70명이 넘는다는 게 밝혀졌다. 이시카와는 체포됐고(그녀의 남편과 의사 한 명도 함께) 살인이 아닌 부작위에 의한 103명(실제 수는 더 많았을 수도 있다)의 유아 사망과 관련해 기소됐다. 당시에는 유아에게 법률상 권리가 거의 없어 이시카와는 고작 8년 형을 선고받았으며 그마저도 항소해 4년 형으로 줄었다. 어쨌든 이 사건은 일본 전역에 매우 큰 충격을 주었고, 결국 법이 바뀌게 되었다. 1948년 낙태가 합법화되어 아이를 기를 경제적 능력이 없는 여성 등 특수한 사정이 있는 여성에 한해 낙태를 할 수 있게 되었다.

300명이 넘는 아기를…

이시카와 사건 하면 또 떠오르는 게 빅토리아 여왕 시대에 일어난 간호사 아멜리아 다이어Amelia Dyer 사건이다. 다이어는 가난에 찌든 브리스톨의 한 가정에서 정신 질환을 앓는 어머니 아래 자랐고 성인이 되어선 부양할 아기가 있는 상황에서 남편과 사별해 더 큰 어려움에 처하게 되었다. 암담한 상황에 빠져 있던 다이어는 '아기 농사baby farming'라는 관행에 대해 알게 된다. 그러니까 당시 가난한 여성들, 특히 미혼모들이 '아기 농사꾼baby farmer'에게 돈을 주고 자기 아이를 넘기는 일이 비일비재했던 것이다.

다이어는 1869년부터 10파운드의 수수료만 받고 건강한 아이를 입양해 줄 부부 행세를 하며 지역신문에 광고를 싣기 시작했다. 여성들은 자신의 아기를 건네면서 아기가 더 나은 삶을 살 수 있게 될 거라 믿으며 돈을 지불했다. 그러나 다이어는 그 유아들을 목 졸라 죽이거나 아편 탄 알코올을 먹여 죽였다. 다이어가 돌보던 아이들 때문에 많은 사망진단서가 발급됐지만 워낙 유아사망률이 높던 시절이라 별 주목도 받지 못했고 그녀는 유아 방치 혐의로 고작 6개월 형을 선고 받았다.

그러나 다이어는 멈추지 않았다. 다이어는 영국 전역을 돌며 많은 여성들로부터 아이를 넘겨받는 대가로 오늘날의 1,000~8,000파운드(약 150~1,200만 원)를 받으며 그 잔인한 장사를 30년 가까이 계속했다. 1896년 템스강에서 아기 시체가 담긴 소포가 하나 발견되면서 다이어는 결국 체포된다. 포장지에 다이어의 이름과 주소가 적혀 있었던 것이다. 다이어가 죽인 아이의 수는 알려져 있지 않으나 300명 정도 되지 않을까 추정한다. 그리고 이시카와와는 달리 다이어는 모든 걸 자백한 뒤 1896년 교수형을 당했다.

세일럼 마녀재판에서는 얼마나 많은 '마녀'가 화형당했을까?

300년 가까이 수만 명의 사람, 특히 여성을 고문 끝에 죽음으로 몰아넣은 유럽의 마녀사냥이 잦아들 무렵, 마치 그 뒤를 잇듯 미국 매사추세츠주의 한 마을에서 기이한 일이 일어나기 시작했다. 그리고 모든 건 '마녀'가 뒤집어썼다.

소녀들의 발작과 감정 폭발

1692년 1월 세일럼 마을(오늘날의 매사추세츠주 댄버스)은 어수선했다. 몇 년 전 영국과 프랑스 간에 식민지 전쟁이 일어나 오늘날의 뉴욕주, 퀘벡주, 노바스코샤주 일부가 파괴되어 피난민들이 매사추세츠 만 지역으로 몰려들었기 때문이다. 인구가 늘어나면서 식량이 부족해졌고 공교롭게 천연두까지 생겨 퍼져 나갔다. 게다가 토착 부족과 보다 부유한 이웃인 세일럼 마을 사이에 긴장이 맴돌았다. 이 같은 갈등과 신교도적 믿음, 외국인에 대한 혐오 속에서 많은 현지 소녀들이 기이한 증상을 보이기 시작했다.

먼저 세일럼 마을 최초의 담임 목사인 새뮤얼 패리스Samuel Parris의 딸인 아홉 살 난 엘리자베스 패리스Elizabeth Parris와 조카딸인 열한 살 난 애비게일 윌리엄스Abigail Williams가 발작과 격한 감정 폭발 증상을 보이기 시작했다. 의사는 악마 짓이라 했고 곧이어 다른 소녀들이 같은 증상을 보였다. 치안판사가 아이들을 면담했는데 어린 소녀들은 강요에 못 이겨 자신의 병은 세 여성 때문이라며 현지 거지인 사라 굿Sarah Good과 패리스의 카리브해 출신 노예 티투바Tituba, 그리고 가난한 노파인 사라 오스본Sarah Osborne을 지목했다. 3월에 피고 여성들에 대한 심문이 이루어졌다. 며칠간 계속된 심문에서 오스본과 굿은 끝내 혐의를 부인했으나 티투바는 자신이 마술을 부렸으며 자신 같은 사람들이 더 있다는 자백을 했다. 세 여성은 모두 감옥으로 보내졌다.

그러나 그들로 끝이 아니었다.

이단으로 몰아 교수형 집행

수개월에 걸쳐 혐의, 기소, 처형에 이르는 이른바 세일럼 마녀재판이 진행됐다. 5월 27일 드디어 마녀재판 결과 처형할 사람 수를 결정짓기 위한 특별재판소가 구성됐다. 6월 10일 제일 먼저 교수형을 당한 여성은 브리짓 비숍Bridget Bishop이었고 그 뒤를 이어 18명이 교수대에 올랐다. 한 남자는 무거운 돌로 압사당했고 7명은 감옥 안에서 죽었다. 약 200명의 여성과 남성 그리고 아이들이 마술을 부렸다는 이유로 감옥에서 시간을 보내야 했다. 하지만 화형에 처해진 사람은 없었다. 광기는 곧 가라앉았고 법정은 10월에 해체됐다. 이듬해 5월 윌리엄 핍스William Phipps 주지사는 마법 혐의로 기소된 모든 사람을 사면했다. 1711년에는 기소됐던 사람들에 대한 권리와 명예를 회복시키기 위한 법안이 통과됐고 그들의 상속인에게 600파운드의 보상이 주어졌다. 너무 적은 보상에 너무 늦은 조치였다.

맥각 곰팡이 감염

1692년 세일럼 마을에서 일어난 기이한 일의 원인을 과학적으로 살펴본 결과는 어땠을까? 여러 해에 걸쳐 많은 연구와 제안이 이루어졌는데 린다 R. 캐포라엘Linnda R. Caporael은 〈사이언스SCIENCE〉지에 실린 자신의 1976년 논문 〈맥각 중독증: 세일럼에 풀려난 사탄Ergotism: The Satan Loosed in Salem〉에서 이렇게 말했다. "소녀들에게 나타난 근육 경련과 망상 현상은 맥각이라 불리는 곰팡이에 오염된 호밀이나 밀을 먹었기 때문일 수 있다. 맥각 중독증은 세일럼 마을의 습지처럼 따뜻하고 습기 찬 기후에서 나타나며 구토와 경련, 환각 같은 증상을 일으키는 것으로 알려져 있다."

위장 수사의 귀재였던 뉴욕경찰청 최초의 여성 형사는 누구일까?

이사벨라 굿윈Isabella Goodwin은 오랫동안 이름뿐인 형사였으나 1912년 몇 주 동안 뉴욕경찰국 경찰을 쩔쩔매게 만든 사건을 해결하면서 자신의 진가를 드러냈다.

경찰 대우 못 받았지만 맹활약

6년간 경찰서 수간호사로 근무하며 여성 용의자와 증인을 보호하는 일을 해온 굿윈은 불법 도박장을 급습하기 위한 잠복근무 요청을 받는다. 외모가 그녀의 장점이었다. 굿윈은 아주 매력적인 중년 여성이어서 아무도 그녀가 경찰 같은 험한 일을 하리라곤 생각지 않을 것이기 때문이다. 필요한 증거를 수집해 도박꾼을 일망타진하는 데 공을 세운 굿윈은 불법 점쟁이와 돌팔이 의사를 수사하고 그들에게 유죄판결을 내릴 수 있게 법정에서 증언을 하는 등 더 많은 임무를 맡게 된다. 그럼에도 불구하고 굿윈은 체포 권한도 없었고 경찰 봉급도 제대로 못 받았다.

위장 수사로 강도 일망타진

1912년 2월 15일 두 은행 직원이 다른 은행으로 현금을 옮기기 위해 택시를 탔는데, 강도 3명이 그들에게서 2만 5,000달러를 빼앗아 달아났다. 그 사건에 경찰 60명을 투입한 뉴욕경찰청은 용의자는 밝혀냈으나 그 행방을 찾을 수 없었다. 수사가 진전이 없는 상황에서 굿윈이 한 용의자의 여자 친구 집 청소부로 위장 수사를 하게 됐다. 굿윈은 용의자와 여자 친구가 열차를 타고 샌프란시스코로 도주할 계획이라는 걸 알아냈다. 이는 경찰이 필요했던 결정적 증거였고 결국 그들은 그랜드센트럴 역 매표소 앞에서 체포되었다. 그 강도는 곧 공범에 대해 다 불었고 사건은 쉽게 종결됐다. 굿윈은 그 공로로 승진을 해 뉴욕경찰청 최초의 정식 여성 형사가 되었다.

죄와 벌

CRIME AND PUNISHMENT

당신은 모든 증거를 보았고 모든 단서를 쫓아왔다.
이제 당신의 단서 포착 능력을 테스트하게 된 다음 퀴즈에게 벌을 줄 시간이다.

Questions

1. 대통령 당선자 에이브러햄 링컨이 워싱턴 D.C.로 가다가 열차를 갈아탈 때 범인들은 어느 도시에서 그를 암살할 계획이었나?
2. 벨 기네스에게 희생된 사람들은 거의 다 어느 지역 출신이었는가?
3. 현대 과학에 따르면 1692년 세일럼 마을의 소녀들에게 나타난 증상은 무엇 때문이었나?
4. 로스앤젤레스 경찰청 최초의 아프리카계 미국인 경찰관은 누구인가?
5. 1948년, 일본의 낙태 합법화 계기를 마련한 연쇄살인범의 직업은 무엇인가?
6. 빅토리아 여왕 시대의 영국에서 '아기 농사'란 무엇인가?
7. 애니 오클리는 누구의 와일드 웨스트 쇼 순회공연에 나왔는가?
8. 뉴욕경찰청 형사가 되기 전 이사벨라 굿윈의 직책은 무엇인가?
9. 봉건주의 시대 러시아의 소작농은 무엇과 처지가 거의 비슷했는가?
10. 리지 보든은 자신의 아버지와 새엄마를 살해하는 데 어떤 무기를 쓴 걸로 기소됐는가?

Answers

정답은 212페이지에서 확인하세요.

ARTS AND LITERATURE

미술과 문학

프리다 칼로는 왜 자신의 나이를 속였을까?

누가 세계 최초의 소설을 썼을까?

『겐지 이야기源氏物語』는 세계 최초의 현대적인 소설로 널리 알려진 장편소설이며 11세기 초 일본에서 쓰였다. 귀족 출신 저자 무라사키 시키부는 천황 부인인 쇼시의 시녀 겸 가정교사 일을 하기도 했다.

학구적인 온실 속 화초

귀족 출신 여성인 시키부는 온실 속 화초처럼 자랐다. 그녀는 사람들 앞에 거의 나서지 않았고 어쩌다 그럴 일이 있을 경우 그 시대 관습대로 칸막이나 커튼 뒤에 몸을 숨겼다. 그녀의 아버지는 하급 관리이자 학자였던 후지와라 노 타메토키였고, 할아버지와 증조부는 헤이안 진구의 엘리트이자 존경 받는 시인이었다. 시키부는 하리마, 에치고, 에치젠 등의 관찰사로 근무한 아버지를 따라다녔다.

시키부는 교육을 많이 받았으며 문학 분야에 천재성을 보였다. 그녀는 중국어와 중국 문학에도 조예가 깊었다. 당시에 중국어와 중국 문학은 남성의 전유물이어서 그녀의 일기에 따르면 아버지가 오빠를 가르치는 소리를 문밖에서 귀동냥하면서 배웠다고 한다. 998년 시키부는 자신의 육촌으로 나이가 훨씬 많은 후이와라 노 노부타카와 결혼해 딸 켄시를 낳는다. 그러다 2년 후 남편이 죽자 재혼을 하지 않고 『겐지 이야기』를 쓰기 시작한다.

통찰력이 엿보이는 예술 작품

1001년부터 1010년(정확한 시기는 학자에 따라 다르다) 사이에 쓰인, 총 54장으로 구성된 이 책은 황제의 아들인데 정치적인 이유로 평민이 된 황태자 겐지의 삶을 중심으로 펼쳐진다. 이야기는 그의 여성 편력을 따라가며 그 당시 귀족의 생활과 세상과 격리된 귀족 여성의 삶에 대한 보기 드문 통찰력을 보여준다. 단순히 사건을 기록하거나 어떤 이야기를 만들어내는 당시의 다른 작품과는 달리, 시키부의 책은 인간에 대한 통찰이 깃든 예술 작품이었다.

"총 54장으로 구성된 이 책은 황태자 겐지의 삶을 중심으로 펼쳐진다."

일본 상류 계층의 필독서

시키부의 책은 그녀의 사회적 신분을 높였을 뿐 아니라 일본 상류 계층의 필독서가 되었다. 12세기 말에 이르면 학자와 시인이 꼭 읽어야 하는 책으로 간주했다. 그러나 일반 대중이 시키부의 작품을 접할 수 있게 된 것은 17세기 이후 인쇄기가 등장한 뒤이다. 이 책은 현대 일본 문화에서 빼놓을 수 없는 작품이 되어 고등학교에서도 정규 과목으로 가르치고 있으며 보다 읽기 쉬운 현대 일본어 번역판이 많이 나와 있다. 그리고 판매 부수가 기록된 이후 지금까지 200만 부 이상 팔렸다.

여성의 이름에 담긴 뜻

시키부는 일본 여성의 본명은 기록되지 않던 시대에 살았다. 그래서 여성을 지칭할 때는 종종 그녀의 아버지나 남편 직위와 관련된 애칭을 썼다. '시키부式部'는 '의식 담당자'의 뜻으로 한때 그녀 아버지의 직책이었다. '무라사키紫'는 '자주색' 또는 '연자주색' 물감의 원료가 되는 식물을 가리키는 말로 『겐지 이야기』에 나오는 여주인공 이름이기도 하다.

미국 독립선언 100주년 기념 전시회에서 사라진 클레오파트라는 어디로 갔을까?

세계 최초의 아프리카계 미국인 조각가 에드모니아 루이스Edmonia Lewis는 단연 군계일학이었다. 그런데 그녀가 필라델피아에서 열린 100주년 기념 전시회에 출품한 작품에 대한 동시대인의 평가는 둘로 갈렸다.

대리석으로 되살아난 클레오파트라

미국 독립선언 100주년을 기념하는 이 전시회는 1876년에 열렸다. 루이스의 〈클레오파트라의 죽음The Death of Cleopatra〉은 무게가 1,360킬로그램 정도 되는 경이로운 대리석 작품이다. 로마 침략자에 굴복하지 않고 음독자살을 택한 이집트 여왕 클레오파트라를 묘사한 작품이다. 이 역사적인 장면은 그 시대 조각가에게 인기 있는 소재이긴 하지만 대개 자살을 생각하는 클레오파트라의 모습을 보여준 데 반해, 루이스의 클레오파트라는 이미 죽어 가슴까지 드러내고 있었다. 조각이 너무 현실적이라 섬뜩하다는 사람도 있었지만 전반적으로는 전시회 출품작 가운데 가장 인상적인 작품으로 손꼽혔다.

홀로 보낸 1세기의 시간

많은 찬사를 받았던 이 작품은 전시회가 끝난 뒤 거의 1세기 동안 사라진다. 전하는 이야기에 따르면 이 조각은 1892년 한 술집에서 잠시 그 모습을 드러냈고 이후 한동안 시카고 교외에 있는 폐쇄된 경마장에 있었다고 한다. 세월이 흐르면서 그 장소는 골프장이 됐다가 군수 공장이 됐다가 다시 요금별납 대량 우편물 집적장이 됐다. 1980년대에 들어와 이 대리석 '클레오파트라'는 한 화재 조사관과 몇몇 씩씩한 보이스카우트(이들은 이 조각상을 흰색과 자주색 주택용 페인트로 칠해놓았다)에 의해 구조됐으며 마침내 독립 큐레이터 겸 루이스 전기 작가의 눈에 띄어 무명의 삶에서 벗어난다.

이 조각상은 1994년 이후 스미소니언 박물관 영구 소장품 중 하나가 되었다.

각광받던 독보적인 조각가

치페와족 어머니와 아프리카계 미국인 아버지 사이에서 태어난 루이스는 어린 나이에 고아가 되어 뉴욕 북부에서 유목민 이모들과 함께 지낸다. 그러나 부유한 이복 오빠가 교육에 필요한 돈을 대줘, 1859년 오하이오주에 있는 오벌린대학에 들어간다. 오벌린대학은 공식적으로는 여성과 아프리카계 미국인 학생들을 받아들였지만 루이스는 심한 인종차별에 시달렸다. 그녀는 두 백인 여성을 독살했다는 혐의를 받아 백인 극단주의자들에게 납치되어 폭행을 당한 뒤 위독한 상태로 방치되기도 했다. 루이스는 이듬해까지 잘 버텼으나 다시 미술용품을 훔쳤다는 혐의로 최종 학기 등록을 거부당해 결국 졸업을 못하고 학교를 떠난다.

이후 루이스는 잠시 보스턴에서 지내며 조각가 에드워드 A. 브래킷Edward A. Brackett으로부터 정식 조각 교육을 받은 뒤 유럽으로 건너가기로 결심한다.

1859년에 출항을 한 그녀는 런던, 파리, 플로렌스, 로마 등을 여행하다 결국 로마에서 스튜디오를 빌려 동료 화가들과 이탈리아에서의 삶을 시작한다. 당시의 거의 모든 예술가와 마찬가지로 루이스 역시 사람들이 좋아할 만한 유행에 맞는 작품을 만들어 대서양을 오가면서 팔아 생활을 했다.

노예 폐지론자 프레더릭 더글러스Frederick Douglass와 훗날 미국 대통령이 된 율리시스 S. 그랜트Ulysses S. Grant 같은 미국인들이 유럽 순방 여행 중에 잠시 그녀의 스튜디오를 방문해 모델이 되어 주기도 했다. 루이스는 종교적인 주제, 아메리카 원주민, 신화 속 장면은 물론 자신의 후원자를 조각했으며 그녀의 작품은 수천 달러에 팔렸다.

『침묵의 봄』은 전 세계 환경 운동에 어떤 변화를 불러일으켰나?

1945년 세상에서 가장 강력한 살충제가 민간에서도 사용 가능하게 되었다. 디클로로디페닐트리클로로에탄DDT은 수백 종류의 곤충을 일거에 없애줄 만큼 강력했다. 농부와 집에서 야채를 키우는 사람들 모두 DDT가 주는 이점에 고마워했다. 바로 그때 레이첼 카슨Rachel Carson이 나타났다.

해양과 함께한 학자의 삶

펜실베이니아주의 한 농장에서 자란 카슨은 어린 시절부터 자연을 사랑했다. 그녀는 펜실베이니아 여자대학, 우즈홀 해양연구소, 존스홉킨스대학교 등에서 열심히 공부했고 존스홉킨스대학교에서 1932년 동물학 석사 학위를 받았다. 그 뒤 우수한 성적으로 공무원 시험에 합격해 미국 어업국에 채용된 두 번째 여성이 되었으며 그곳에서 15년간 해양 생물학자로 일하며 대중을 위한 과학 글을 썼다. 카슨은 그 시기에 『우리를 둘러싼 바다The Sea Around Us』와 세계적인 베스트셀러가 된 『바다의 가장자리The Edge of the Sea』 등 해양 생물에 대한 책도 썼다.

모두가 외면한다면 내가 직접 하겠어

1958년 학계의 존경받는 저자가 된 카슨은 DDT의 위험을 알리는 일로 관심을 돌렸다. DDT는 1939년에 개발됐고 그걸 만든 파울 헤르만 뮐러Paul Hermann Muller는 노벨 생리의학상을 수상했다. 이 살충제는 제2차 세계대전 중 미군의 말라리아 및 발진티푸스 감염 예방에 널리 쓰였으며 집 안의 파리와 모기를 죽이는 인기 있는 가정상비약이 되었다. 카슨은 어느 날 매사추세츠에 있는 친구로부터 살충제 대량 살포로 그 지역의 새들이 죽어 가고 있다는 걱정 어린 편지를 받았다. 문제의 심각성을 깨달은 카슨은 언론사에 접촉했다. 하지만 그녀가 유명한 베스트셀러 작가임에도 불구하고 DDT의 잠재적 재앙에 대한 기사를 쓰자는 카슨의 제안을 받아들이는 곳은 없었다. 그녀의 견해는 논란의 여지가 많아 모두가 몸을 사린 것이다. 결국 카슨은 직접 책을 썼다.

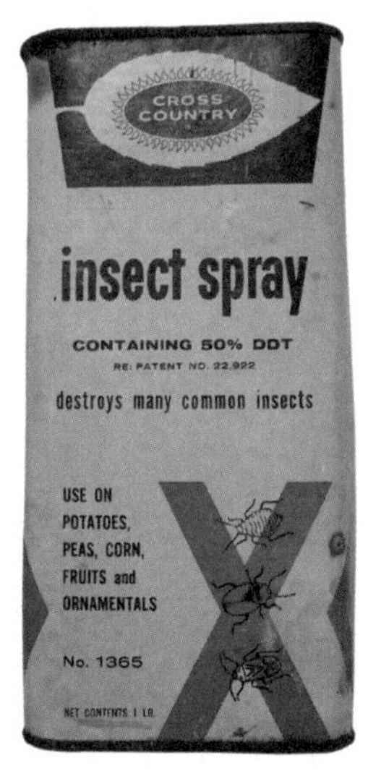

책의 연구 부분에는 55페이지에 달하는 주석이 붙었고 많은 전문가와 저명한 과학자들의 확인도 있었다. 화학약품 업계가 카슨에게 쓸 수 있는 반격 수단은 거의 없었다.

그날 이후 모든 게 아주 급격히 변했다. 존 F. 케네디John F. Kennedy 대통령은 대통령 과학 자문위원회에 지시해 DDT를 둘러싼 문제를 면밀히 살펴보게 했고 워낙 큰 사회적 반향으로 인해 환경 운동과 반살충제 정서가 촉발됐으며 1970년에는 미국 환경보호청이 생겨났다. 1973년에는 미국 고등법원에서 DDT 금지 선고가 내려졌다. 유감스럽게도 카슨은 살아생전에 이 모든 걸 보지 못했다. 1963년 그녀가 CBS TV 특별 방송에 출연했을 때는 무려 1,500만 명의 시청자가 그녀가 자신의 책에 담긴 여러 가지 환경 문제에 대해 얘기하는 걸 지켜봤다. 1964년 카슨은 유방암으로 세상을 떠났다.

침묵을 깨고 환경 운동에 목소리를 높이다

힘겨운 4년간의 연구 끝에 카슨은 1962년 『침묵의 봄Silent Spring』을 출간했다. 이 책은 먹이사슬을 통한 DDT의 이동 경로를 시간 순서대로 분석했으며 잠재적 유전자 손상과 각종 질병, 특히 암 등 DDT 사용이 인체에 미칠 수 있는 악영향을 폭로했다. 또한 DDT의 장기적인 독성 효과와 식량 공급상의 오염 문제도 낱낱이 파헤쳤다. 이 책은 환경 파괴 및 산업 규제의 중요성에 대한 대중의 인식을 높이고 여러 즉각적인 파장을 불러일으켰다. 이

아르테미시아 젠틸레스키의 그림에 드러난 고통의 근원은 무엇일까?

아르테미시아 젠틸레스키Artemisia Gentileschi는 이탈리아 바로크 시대에 성공을 거둔 여성 화가라는 점에서 특이했다. 그러나 그런 성공에도 불구하고 한 가지 끔찍한 사건으로 인해 그녀의 삶은 영영 바뀌었으며 그녀의 작품에도 지대한 영향을 미쳤다.

예술은 인생을 모방한다

이스라엘인의 적이 여성 암살자에 의해 머리가 잘리는 구약성서 이야기를 다룬 젠틸레스키의 그림 〈홀로페르네스의 목을 베는 유디트Judith Slaying Holofernes〉는 더없이 잔혹한 장면을 묘사하고 있다. 유디트가 시녀의 도움을 받아 홀로페르네스의 몸을 침대에 고정시킨 뒤 칼로 목을 베고 있다. 이 그림은 관례를 무시한 16세기 말의 성공한 화가 중 한 사람으로 젠틸레스키의 아버지 친구이기도 했던 카라바조Caravaggio 스타일로 그려졌다. 젠틸레스키의 다른 많은 그림과 마찬가지로 이 그림은 그녀 자신의 자화상으로 볼 수 있다. 10대 시절에 자신을 강간한 남성에 대한 분노가 작품 속에서 재연된 것이다.

예술가로 양육되다

젠틸레스키는 1593년 로마에서 태어났다. 그녀의 아버지는 화가로 그의 스튜디오는 늘 사실주의적이고 실험적인 그림으로 가득 차 있었다. 그녀는 활기차고 예술적인 분위기 속에서 성장했지만 귀족은 아니었다. 평범하게 결혼을 해 엄마가 된다거나 수녀원에 들어가 수녀로 사는 것은 전혀 생각할 수 없는 미래였다. 대신 젠틸레스키는 아버지의 조수가 되어 그림 그리는 기법 등을 배우며 자신의 놀라운 재능을 개발했다. 결국 그녀의 아버지도 그녀가 택한 길을 허락했으며 각종 지원을 아끼지 않았다. 그는 심지어 아고스티노 타시Agostino Tassi라는 인기 있는 화가를 채용해 딸의 그림 솜씨를 향상시켜 주었다.

시험대에 선 평판

1612년 젠틸레스키의 아버지는 아고스티노 타시를 딸을 강간한 혐의로 고발했다. 지금까지 전하는 법정 기록에 따르면 타시는 젠틸레스키에게 계속 추근거리다 결국 그녀의 집에서 그녀를 강간했다. 미혼 여성의 경우 평판이 가장 중요한 것이어서 젠틸레스키 입장에서는 성폭력으로 인한 내적 갈등도 갈등이지만 7개월이나 끈 치욕스런 공개재판이 보통 힘겨운 일이 아니었다. 이 일은 장안의 화제가 됐고 타시의 추악한 행실(타시가 자신의 아내를 죽였다는 소문도 있었다)에 대한 증언이 이어지면서 그의 명성은 완전히 땅에 떨어졌다.

그런데 그런 것은 문제가 아니었다. 법정에서 유죄판결을 받았음에도 불구하고 타시는 교황이 총애하는 화가여서 징역형을 다 마치기도 전에 석방됐다. 이후 늘 이 강간 사건이 따라다녔지만 젠틸레스키는 결국 평판을 되찾아 결혼도 하고 화가 생활도 계속 해나갔다. 젠틸레스키는 영국 왕 찰스 1세와 메디치 가문을 위해 작품 활동을 하기도 했다.

피해자를 고문하다니!

젠틸레스키는 자신의 주장을 입증하기 위해 산부인과 검사를 받아야 했을 뿐 아니라 '시빌레sibille' 즉, 엄지손가락에 줄을 매고 서서히 죄는 장치로 고문도 당했다. 훗날 이 장치는 속에 뾰족한 못이 박힌 쇠로 만들어졌다. 이 장치는 원래 증인이 심한 통증 때문에 거짓말을 하지 않게 하려는 목적으로 쓰였으나 때론 범죄자를 고문하는 데도 쓰였다. 법정 기록에 따르면 손가락에 맨 줄이 조여오자 젠틸레스키는 이렇게 외쳤다고 한다. "사실이에요! 사실이에요! 사실이라고요!"

이디스 워튼이 퓰리처상 수상을 반기지 않은 이유는?

1921년, 퓰리처상이 생긴 지 4년밖에 안 됐는데도 여성이 상을 받았다. 당시 이디스 워튼Edith Wharton이 『순수의 시대The Age of Innocence』를 출간해 소설 부문 상이 그녀에게 돌아간 것이다.

퓰리처상이 주목하는 주제

퓰리처상은 조지프 퓰리처의 의지를 반영해 수상 분야가 분류됐다. 퓰리처는 19세기 말에 미국에서 가장 유능한 출판업자 중 한 사람으로 오늘날 신문 업계는 그의 노력에 힘입은 바 크다. 퓰리처상은 컬럼비아대학교에서 주관하며 언론, 문학, 드라마, 교육 분야 등에 걸쳐 1917년부터 수여됐다. 소설상(후에 픽션상)은 그해 발표된 미국 소설 가운데 '미국인의 삶 전반적 분위기와 높은 수준의 생활 방식 등을 가장 잘 보여준' 소설에 주어졌다. 『순수의 시대』는 1870년대 뉴욕 상류 사회를 그린 소설로 퓰리처상이 주목할 만했다. 그런데 이 소설이 하마터면 상을 받지 못할 뻔했다.

남의 상을 가로챘다는 역겨움

퓰리처상 수상자 명단 공식 발표를 앞두고 심사위원 중 한 사람인 로버트 모스 러벳Robert Morss Lovett이 부편집장으로 있던 잡지 〈뉴 리퍼블릭The New Republic〉에 글을 올렸는데 워튼의 소설은 심사위원이 처음 선정한 소설이 아니라는 내용이었다. 심사위원은 한 작은 마을을 소재로 삼은 싱클레어 루이스Sinclair Lewis의 베스트셀러 풍자소설 『메인 스트리트Main Street』를 밀었는데, 퓰리처상 위원회에서 자신들의 결정을 뒤엎었다는 것이다. 루이스는 워튼에게 축하 편지를 보냈지만 그녀의 답장은 이랬다. "미국인의 도덕성을 함양시킨 공으로 제가 수상했다는 사실을 알았을 때…… 솔직히 말하면 절망스러웠습니다. 그리고 나중에 그 상이 실은 당신께 갔어야 했다는 사실을 알았을 때는 절망감에 역겨움까지 더해졌습니다."

프리다 칼로는 왜 자신의 나이를 속였을까?

프리다 칼로Frida Kahlo가 그린 그림 55점 가운데 3분의 1은 그녀 자신을 그린 것이다. 그 자화상들은 때론 감정을 자극하는 작품으로 비통한 일, 건강 문제, 유산 등 굴곡진 칼로의 삶을 떠올리게 한다. 자신의 현실을 그림 속에 담았으나 그렇다고 허영심이 많은 여성은 전혀 아니었다. 그런데 왜 기자들에게 실제 나이보다 세 살 어리게 말했던 걸까?

멕시코인의 자부심을 드높이다

칼로의 실제 출생년도는 1907년인데 그녀는 자신이 1910년에 태어났다고 했다. 이는 젊게 보이려는 노력보다는 애국심과 더 관계가 깊다. 1910년은 멕시코혁명이 일어나 장기 집권 중이던 포르피리오 디아스Porfirio Diaz 대통령이 축출된 해다. 칼로는 샌프란시스코, 뉴욕, 파리 등지에 살면서 전 세계를 돌아다녔지만 마음은 늘 멕시코시티에 가 있었다. 칼로는 죽은 지 몇 년 안 돼 극렬 페미니스트요 사회주의자 아이콘으로 떠올랐다. 칼로는 멕시코 공산당 당원이었고 멕시코 토착 문화의 부활을 외친 '멕시카니다드Mexicanidad' 운동의 중심인물이기도 했다.

작품과 패션에 드러난 멕시코 문화

칼로는 아즈텍족의 상징, 두개골, 꽃, 원숭이 등 다양한 조상의 문화유산은 물론 종교적 색채가 강한 '레타블로retablo(제단 그림)', '엑스보토스ex-votos(기도하는 모습을 담은 주석 그림)' 등을 작품 세계에 통합시켰다. 멕시코 문화유산에 대한 자긍심은 그녀의 패션에까지 영향을 주었다. 프리다 칼로 하면 흔히 떠올리는 '위필(블라우스)'과 현란한 색상의 긴 '팔타(스커트)' 콤보는 여성의 영향력이 강한 모계사회로 유명한 멕시코 테우안테펙족의 전통 의상이다.

남북전쟁을 일으키는 데 결정적인 역할을 한 책은 무엇일까?

해리엇 비처 스토Harriet Beecher Stowe가 쓴 『엉클 톰스 캐빈Uncle Tom's Cabin』은 출간 첫해에만 미국에서 30만 부 이상이 팔린 베스트셀러 소설이었는데 정말 이 소설 때문에 미국 남북전쟁이 일어나게 됐을까?

노예 폐지론자 작가의 위대한 책

미국 코네티컷의 한 유명한 사회 개혁가 집안에서 태어난 스토는 확고한 노예 폐지론자였다. 그녀는 노예제도가 있는 켄터키주에 접한 오하이오주에 살면서 도주한 노예들을 만난 경험이 있고 생후 18개월 된 아들을 잃은 뼈아픈 경험도 있었는데(많은 노예 여성이 자신의 아기를 도둑맞거나 빼앗기는 경험을 해야 했다) 그것이 그녀에게 아주 큰 영향을 주었다. 1850년 노예제도에 반대하는 북부 시민들이 도망친 노예를 숨겨주거나 도와주는 걸 법으로 금지한 도망 노예법이 통과된 뒤 스토는 『엉클 톰스 캐빈』을 쓰기 시작했다.

1852년에 출간된 『엉클 톰스 캐빈』은 자신의 가족에게서 떨어져 경매로 팔려 나간 정직한 노예 톰의 이야기다. 그는 노예선에 실려 가면서 한 백인 소녀의 목숨을 구해주며(둘은 친구 사이가 된다), 미국 내 농장에서 다른 흑인 노예 엘리자가 자기 아들과 함께 도망가는 걸 돕기도 한다. 그리고 결국 톰은 매를 맞아 죽는다. 이 책은 아프리카계 미국인에 대한 독특한 묘사와 노예무역에 대한 비판적인 시각으로 미국 남부에서 엄청난 논란을 불러일으켰으며 일부 주에서는 판매가 금지되기도 했다. 북부에서는 노예제도 반대 운동이

더 활발해졌고 공화당의 인기가 치솟았다. 그 결과 1860년 대통령 선거에서 에이브러햄 링컨이 승리하며 이후 남북전쟁에 대한 국민의 지지 또한 높아지게 된다.

링컨과 국민의 마음에 새긴 뜻

남북전쟁이 터지고 18개월이 지난 1862년 11월 스토는 워싱턴 D.C.로 가 대통령을 만난다. 링컨은 노예제도가 이미 폐지된 주로 다시 번지는 데는 반대했지만 겨우 몇 개월 전 노예제도를 폐지하지 않더라도 미합중국을 살릴 수만 있다면 그렇게 하겠다는 글을 썼었다. 링컨의 목표는 통일이었던 것이다. 그러나 그는 자신의 진영 내부로부터 반발이 일어나거나 외국이 전쟁에 개입하는 건 원치 않았고, 1862년 9월에 미합중국에서 탈퇴한 남부 연합을 향해 경고를 했다. 1863년 1월 1일까지 미합중국으로 되돌아오지 않을 경우 노예해방령을 선포해 남부에 있는 350만 노예의 법적 신분을 자유인으로 만들 것이라는 경고를 한 것이다.

미국에서 가장 유명한 여성 중 한 사람이 된 스토는 한 영국 여성 잡지에 미합중국을 지지하는 글을 쓰고 있었다. 그녀는 북부군이 전쟁을 벌이는 가장 큰 이유는 노예해방이라고 주장했다. 링컨을 만났을 때 스토는 노예해방령이 제대로 추진될 것인지 링컨이 노예제도 폐지에 정말 굳은 의지가 있는지 알고 싶었다. 전하는 이야기에 따르면 두 사람이 만났을 때 링컨이 이런 말을 했다고 한다. "아, 당신이 이 위대한 전쟁을 일으킨 책을 쓴 그 작은 여성이군요!" 남북전쟁에 대한 링컨의 동기는 지극히 정치적이고 경제적인 것이었지만 그가 실제 그런 말을 했건 하지 않았건 링컨은 스토 같은 노예 폐지론자들과 또 그녀의 책이 국민의 마음을 얻는 데 중요한 역할을 했다는 걸 인정한 것으로 보인다.

바우하우스 출신의 여성 작가들이 잊혀진 이유는 무엇일까?

건축가 발터 그로피우스Walter Gropius가 1919년 독일 바이마르에 바우하우스 학교를 세웠을 때 남성보다 더 많은 여성이 이 학교의 미술 및 디자인 과정에 수강 신청을 했다. 그러나 이 학교에서 배출된 유명한 이름 가운데 그 여성들의 이름은 없었다.

새로운 형태의 미술 학교

그때까지만 해도 독일 여성은 가정교사를 통해서만 미술 교육을 받을 수 있었는데 바우하우스는 종합 예술 원칙, 미술과 건축과 디자인의 비계층적 융합 원칙 위에 세워진 새로운 형태의 미술 학교였다. 더욱이 이 학교는 남녀 간의 성평등 선언까지 했다. 이 학교 선언문에는 '평판 좋은 사람이라면 나이와 성별에 관계없이 입학을 환영한다'고 되어 있었다. 그러나 실상 그 당시의 성차별주의는 여전했다. 발터 그로피우스는 '아름다운 성과 강한 성 사이에 차이는 없다'고 주장했지만 이런 주장이야말로 여성은 특정 미술 분야에만 참여할 수 있다는 인식을 드러냈다.

남성과 여성의 장르는 다르다?

남성의 경우 처음부터 그림과 조각을 배울 수 있었다. 그러나 여성에게는 주로 직조 분야를 배울 것을 권했다. 작품 자체는 아주 진보적이었지만 그로피우스는 여성을 2차원적인 미술 분야에만 묶어두고 싶어 했다. 3차원적 작업은 남성만 할 수 있다고 믿은데다 여성이 참여할 경우 학교 명성이 실추될 수 있다고 생각한 것이다. 그는 심지어 입학할 수 있는 여성의 수까지 제한했다. 나치 정권의 압력으로 문을 닫게 된 1933년에 이르러 바우하우스는 주로 건축과 금속공예 분야에만 전념하고 있었는데, 이 두 분야 모두 여성은 접근 금지였다.

바우하우스 출신 여성들

그로피우스, 파울 클레Paul Klee, 바실리 칸딘스키Vasilii Kandinsky, 미스 반 데어 로에Mies van der Rohe 등은 미술, 건축, 디자인 분야에서 세계적 명성을 떨친 인물이지만 그들과 함께 공부한 바우하우스 여성으로는 누가 있을까?

군타 스퇼즐 Gunta Stölzl은 5년간 직조 작업장을 이끌었다. 이후 자신의 직조 사업을 벌였는데, 그녀의 작품은 뉴욕 현대미술관과 런던 빅토리아 앤 알버트 미술관 등에 팔려 나갔다.

베니타 코흐-오테 Benita Koch-Otte는 고등학교에서 제도 및 수공예 교사 일을 하다 바우하우스에 들어갔다. 그녀는 훗날 한 직물공장 책임자가 되었는데 그녀가 만든 직물 작품은 오늘날까지도 생산되고 있다.

마르구에리테 프리트라엔데르-빌덴하인 Marguerite Friedlaender-Wildenhain과 **마르가레테 헤이만**Margarete Heymann은 도자기 분야에서 성공을 거두었다. 먼저 미국의 폰드 홀Pond Hall 도자기로, 나중에는 독일 하엘-벨르크스타텐Haël-Werkstätten 도자기와 영국 그레타Greta 도자기로 이름을 떨쳤다.

알마 지드호프-부셔 Alma Siedhoff-Buscher는 바우하우스에서 여성으로는 드물게 목재 조각을 배웠다. 그녀는 장난감 및 가구 디자이너로 선박 건조 블록 게임, 절삭 키트, 조립식 어린이방 가구 등으로 이름을 날렸다. 그러나 1944년 폭격으로 목숨을 잃었다.

애니 알베스 Anni Albers는 군타 스퇼즐로부터 바우하우스 직조 작업장 책임자 자리를 넘겨받았으며 혁신적인 직물 디자이너가 되었다. 1933년 나치 정권을 피해 노스캐롤라이나주로 넘어가 실험 정신이 강한 블랙 마운틴 칼리지 미술학교에서 학생들을 가르쳤다. 뉴욕 현대미술관에서 개인 전시회를 연 최초의 디자이너이기도 하다.

마리안느 브란트 Marianne Brandt는 바우하우스 금속공예 과정을 수강한 최초의 여성이다. 1920년 작품인 '칸뎀Kandem' 침실 램프와 커피세트로 유명하다.

안네 프랑크의 일기가 편집된 것이라고?

1947년 처음 출간된 이래 70개 이상의 언어로 번역된 안네 프랑크Anne Frank의 전쟁 중 일기는 이런 류의 책 가운데 가장 유명하지만 프랑크가 일기를 2가지 버전으로 썼다는 사실은 잘 알려져 있지 않다.

2가지 버전 일기

1942년 6월 12일 네덜란드 암스테르담에서 13번째 생일을 맞은 프랑크는 체크무늬가 있는 빨간색 일기장과 흰색 일기장을 선물 받았다. 그로부터 한 달이 채 안 되었을 때 그녀의 가족은 나치 점령군의 반유대인 정책 강화로 목숨의 위협을 느끼게 되었다. 프랑크 가족은 아버지의 사무실 건물 뒤쪽에 있는 비밀 별채로 숨어들었다. 이후 2년간 안네는 그 일기장에(나중에 다른 공책 3권이 추가된다) 일기를 썼는데 그건 어디까지나 개인적인 기록일 뿐 남에게 보일 용도가 아니었다. 그러다 1944년 봄, 안네는 네덜란드 망명 정부의 라디오 방송에서 고통 받는 점령지 주민들의 삶을 증언해 달라는 얘기를 듣고 전쟁 후에 발표할 생각으로 일기를 고쳐 쓰기 시작했다. 두 번째 버전의 일기는 215페이지를 헐렁하게 채웠다.

안네는 한정된 삶, 평범한 일상, 숨어 지내는 가족과 이웃 주민들, 장래의 꿈 등에 대해 자세히 적었으며 다가오는 성년기, 유대교 신앙, 자유에 대한 갈망 등 보다 복잡한 생각과 아이디어에 대해서도 적었다. 2년간 일기를 쓰면서 안네는 많은 위안과 힘을 얻었으며 또 글 쓰는 일에도 큰 매력을 느꼈다. 그녀는 개인적인 생각 외에 자신이 좋아하는 책에 대해서

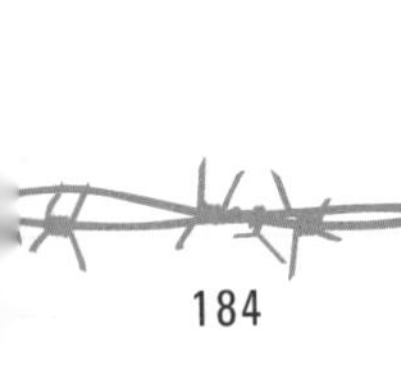

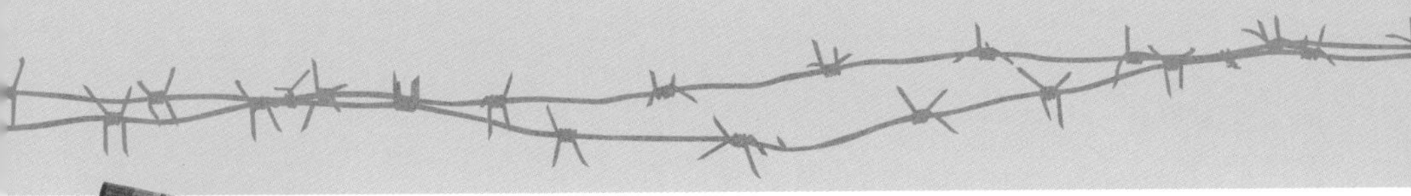

도 적었고 심지어 단편소설을 쓰기도 했다. 안네의 꿈은 전쟁이 끝난 뒤 유명한 작가가 되는 것이었다.

딸이 남긴 유산

안네는 1944년 8월 4일 가족과 함께 붙잡혀 아우슈비츠 강제수용소로 보내지기 며칠 전까지도 계속 일기를 썼다. 그리고 1945년 겨울 베르겐-벨젠 강제수용소에서 발진티푸스로 세상을 떠났다. 목숨을 걸고 프랑크 가족을 도와준 두 네덜란드인 미프 히스Miep Gies와 벱 포스카윌Bep Voskuijl은 안네의 글을 안전하게 보관했으며, 전쟁이 끝난 뒤 프랑크 가족 중에 유일한 생존자인 안네의 아버지 오토 프랑크Otto Frank에게 건넸다. 오토는 2가지 버전의 일기를 가지고 세 번째 버전의 일기를 편집했는데, 그것이 처음 발간된 『어린 소녀의 일기The Diary of a Young Girl』 즉 『안네의 일기』다.

원전 비평 연구판

1986년 『안네의 일기』 네덜란드 원전 비평 연구판이 출간됐는데 이 책에는 원래의 두 버전이 나란히 실려 독자들이 오토 프랑크가 어떻게 편집했는지 그 과정을 볼 수 있었다. 이는 1980년 오토 프랑크가 세상을 떠난 뒤 네덜란드 전쟁 문서 연구소가 외부에 법의학적 연구를 의뢰해 나온 결과물이었다. 일기의 일부분은 안네의 아버지가 쓴 게 아닌가 하는 추측도 있었지만 연구 결과 일기에 쓴 필체는 안네의 것이 맞으며 사용된 종이와 잉크 그리고 풀은 안네가 일기를 쓰던 시절 암스테르담에서 사용된 것으로 판명됐다. 이 책은 총 714 페이지였으며 딱 3권이 출간됐다.

만리장성 걷기로 사랑을 실험하던 행위예술가 커플은 어떻게 되었을까?

'행위예술의 대모'로 불리는 마리나 아브라모비치Marina Abramović는 1970년대에 자신의 인내력을 예술적으로 표현해 유명해졌다. 그녀는 1976년에 독일 행위예술가 울라이Ulay를 만났는데, 이후 두 사람은 12년간 연인 관계와 직업적인 협력 작업을 지속한다.

사랑에 빠진 예술가들

두 사람이 한 유명한 퍼포먼스 중에 〈시간 속에서의 관계Relation in Time〉는 서로 머리를 묶은 채 등을 대고 17시간을 함께 앉아 있는 것이었고 〈숨을 들이마시고 내뱉기Breathing In/Breathing Out〉는 숨이 막히기 직전까지 20분간 서로의 입을 통해 숨을 들이마시고 내뱉는 것이었다. 그들이 1988년에 한 마지막 퍼포먼스는 〈연인들: 만리장성 걷기Lovers: The Great Wall of China Walk〉였다. 각각 중국 만리장성 양끝에서부터 걷기 시작해 중앙에서 만나는 퍼포먼스를 허락받기 위해 중국 당국과 협상할 때까지만 해도 두 사람은 이 퍼포먼스를 끝내고 결혼할 계획이었다. 그러나 허락이 떨어질 때쯤 두 사람의 관계는 틀어졌고 결국 이 퍼포먼스를 끝으로 헤어졌다.

마지막 퍼포먼스

아브라모비치는 만리장성의 동쪽 끝 황해에서부터 걷기 시작했고, 울라이는 서쪽 끝 고비사막 끄트머리에서부터 걷기 시작했다. 두 사람은 90일 넘게 약 2,500킬로미터를 걸어 산시성 근처에서 재회했다. 그리고 거기서 서로 작별을 고했다. 이후 20년도 더 지난 2010년에 두 사람은 다시 만난다. 아브라모비치는 뉴욕 현대미술관에서 〈예술가와 마주하다The Artist Is Present〉 퍼포먼스를 하고 있었다. 그녀가 736시간 넘게 미술관 안에 앉아 있으면 관객들이 줄을 서서 기다리다 맞은편에 한 사람씩 앉았다. 그런데 그 관객 중 한 사람이 울라이였던 것이다.

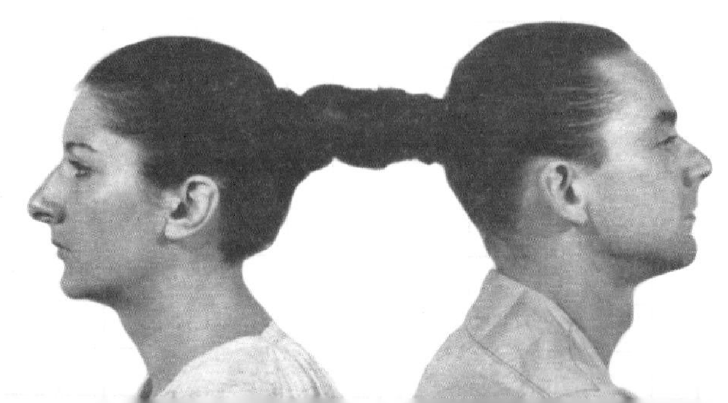

미술과 문학

ARTS AND LITERATURE

그림 그리는 붓에서부터 타자기에 이르기까지, 여성들은 자신의 예술적 수단을 최대한 효과적으로 활용했다. 퀴즈를 풀면서 마음속 걸작을 만들어 보라.

Questions

1. 아르테미시아 젠틸레스키는 왜 재판에서 고문을 받아야 했는가?
2. 『침묵의 봄』은 어떤 살충제의 해로운 영향을 깊이 들여다보았는가?
3. 안네 프랑크는 왜 자신의 일기를 다시 썼는가?
4. 프리다 칼로는 자신이 조국과 관련된 어떤 해에 태어났다고 주장했는가?
5. 에드모니아 루이스의 조각품 〈클레오파트라의 죽음〉은 같은 테마의 다른 작품과 어떻게 달랐는가?
6. 무라사키 시키부가 쓴 최초의 현대 소설 제목은 무엇인가?
7. 여성은 바우하우스에서 주로 어떤 일을 배우도록 권유받았는가?
8. 해리엇 비처 스토의 베스트셀러에 나오는 주인공의 이름은 무엇인가?
9. 마리나 아브라모비치는 울라이와의 연인 관계를 끝내기 전에 〈연인들: 만리장성 걷기〉 퍼포먼스에서 얼마나 걸었는가?
10. 이디스 워튼은 무엇을 받은 최초의 여성이었나?

Answers

정답은 213페이지에서 확인하세요.

SHOW BUSINESS

쇼 비즈니스

비틀스는 정말 존 레넌의 아내 요코 오노 때문에 해체됐을까?

동양인 여배우가 백인 상대역과 사랑을 나누는 것은 금기였다?

중국계 미국인 여배우 애너 메이 웡Anna May Wong은 할리우드 영화 초창기에 명성을 떨쳤으나 엄격한 검열 규정에 걸려 영화에서 비중 있는 역할이나 사랑에 빠진 여성 역할을 할 수 없었다.

1930년대 영화계의 행동 수칙

흔히 '헤이스 코드Hays Code'로 알려진 1930년대 제정된 영화제작 규정은 할리우드 영화에서 스크린상에 올려선 안 될 장면을 규정하고 있다. 욕설에서부터 누드, 마약 거래, 분만 장면 등 금지 장면이 한두 가지가 아니었다. 그리고 영화업계에서 오랜 세월 금기시됐던 장면 중 하나가 다른 인종 간의 결혼 또는 성관계 장면이었다. 캘리포니아에서 태어난 웡은 영화계의 갖은 편견에도 굴하지 않고 결국 1922년 무성영화 〈더 톨 오브 더 씨The Toll of the Sea〉에서 처음으로 주연을 맡았다. 이 영화는 크게 히트했고 웡은 곧 영화 〈바그다드의 도둑The Thief of Baghdad〉에서 더글러스 페어뱅크스Douglas Fairbanks 상대역으로 나와 남자를 유혹하는 여자 연기를 하게 되는데, 이때의 이미지가 이후 활동에 계속 영향을 준다.

중국계라서 중국인 주역을 맡지 못한

1927년 웡은 유럽 여행에 나선다. 할리우드의 경직된 배역 선정 원칙과 인종차별적인 분위기에서 벗어나고 싶었던 것이다. 그리고 유명세 덕에 〈포장도로 나비Pavement Butterfly〉와 〈피카딜리Piccadilly〉 같은 영화에 출연하면서 스타 여배우로서의 명성을 굳히게 된다. 그러나 영국에서조차 영국 영화검열위원회의 검열 규정에 따라 타 인종 간의 키스는 금지되어 있어 웡은 주인공들이 사랑에 빠진 순간에도 백인 상대역과 키스를 할 수 없었다.

몇 년 후에 〈용의 딸Daughter of the Dragon〉, 〈상하이 익스프레스Shanghai Express〉 같이 히트한

유성영화에서 웡은 '이국적인' 친구나 '드래건 레이디dragon lady(강하고 부정직하며 신비스런 동양 여성을 뜻한다)' 역으로 밀려나게 된다. 보다 비중이 큰 중국 여성 역은 백인 여성이 맡는 경우가 많았는데 그 대표적인 예가 제1차 세계대전 직전의 한 중국인 가정 이야기를 다뤄 퓰리처상을 수상한 펄 S. 벅Pearl S. Buck의 소설 『대지The Good Earth』를 영화화한 작품이었다. 웡은 공개적으로 이 영화의 여주인공 역에 관심을 표했지만 남자 주인공 역을 오스트리아 출신의 백인 배우가 맡게 되자 영화 제작사 측에서 그 상대역은 당연히 백인 여배우가 되어야 한다고 생각했다. 결국 그들은 독일 출신의 루이제 라이너Luise Rainer를 캐스팅했고 그녀는 '동양인 연기를 잘한 덕에' 1937년 오스카 최우수 여우주연상을 받았다.

텔레비전 최초의 아시아계 주연 여배우

주어지는 배역에 좌절감을 느낀 웡은 1930년 한 호주 신문과의 인터뷰에서 이런 말을 했다. "저는 도대체 왜 백인 남성이 스크린 상에서 나와 사랑에 빠지면 안 되는 건지 이해할 수가 없어요. 이 끔찍한 검열 장벽만 극복할 수 있다면 정말 새로운 지평이 열릴 건데 말이죠." 그러나 불행히도 변화의 조짐 없이 1930년대 말이 되고 영화스타로서 웡의 영향력 또한 줄어든다. 그러나 웡은 1951년에 텔레비전 시리즈 〈마담 리우-총의 갤러리The Gallery of Madame Liu-Tsong〉에서 주연을 맡았는데 아시아계 미국인이 텔레비전 시리즈물에서 주연을 맡은 건 그녀가 처음이다. 텔레비전으로부터의 도전이 거세지고 외국 영화가 성장하면서 할리우드의 영화 검열 규정은 영화제작자 사이에서 점점 그 힘을 잃게 되며 1960년대 말에 이르러 완전히 폐기된다. 스크린상에 타 인종 간의 키스 장면이 처음 등장한 것은 1957년도 영화 〈아일랜드 인 더 선Island in the Sun〉에서였다. 웡은 그로부터 몇 년 후 1961년에 심장 마비로 세상을 떠났다.

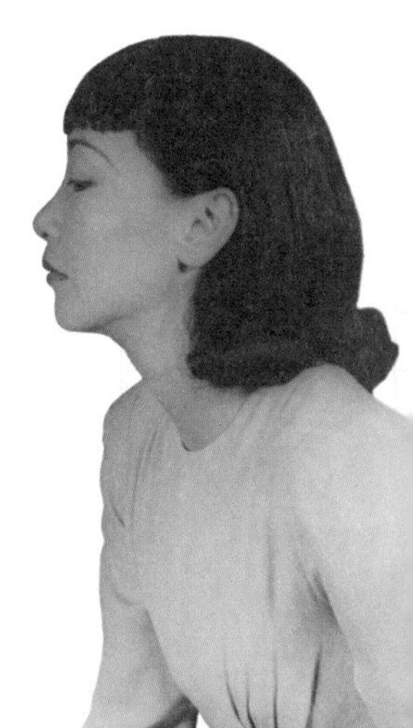

에디트 피아프는 왜 프랑스 전쟁 포로들과 함께 사진을 찍었을까?

프랑스 가수 에디트 피아프Edith Piaf가 1963년 세상을 떠났을 때 프랑스는 그녀에게 최상의 경의를 표했다. 피아프의 관에는 프랑스 삼색기가 덮였고 수십만 명의 시민이 거리로 나와 운구 행렬을 지켜보는 등 파리 전체가 숨을 죽였다. 피아프는 음악계의 전설이긴 했으나 그게 다가 아니었다. 전시에 사람들의 목숨을 구하는 데 큰 공을 세웠다!

작은 체구로 만들어낸 장밋빛 인생

1940년 나치가 프랑스를 점령했을 때 25세였던 피아프는 노래로 돌풍을 일으키고 있었다. 5년 전 파리의 홍등가에서 발굴된 키 147센티미터의 이 작은 가수는 어린 시절부터 아주 힘겨운 삶을 살아왔다. 피아프는 매음굴에서 자랐고 어려서 잠시 눈이 멀기도 했으며 알코올중독으로 고생하기도 했다. 나치가 독일 군인을 위해 노래를 해달라고 요청했을 때 그녀는 프랑스군 포로도 자신의 공연을 볼 수 있게 해달라고 고집했다.

피아프는 또 포로수용소를 순회공연하면서 프랑스군 포로에게 몰래 지도와 나침반을 건네주었다. 베를린 인근 3-D 포로수용소에서는 모든 포로와 함께 사진을 찍겠다고 고집했다. 그 사진은 그녀의 영향력 있는 친구들에게 전달되었고 그 친구들은 그 사진을 보고 각 포로의 신분증을 만든 뒤 그들을 독일에 사는 자유로운 프랑스 노동자라고 선언했다. 두 번째 공연을 하러 그 포로수용소에 다시 들렀을 때, 피아프는 그들에게 새로운 신분증을 전달하여 300명 가까운 포로가 탈출할 수 있게 했다.

피아프는 그 유명한 〈장밋빛 인생La Vie En Rose〉 등 많은 노래를 직접 작사했다. 그녀는 세계대전 이후에도 계속 인기를 누렸고 특히 미국에서는 카네기홀에 두 번 서고 프랑스어를 유행시킬 정도로 큰 인기를 누렸다.

'여자 셰익스피어'로 알려진 18세기의 작가는 누구일까?

조안나 베일리Joanna Baillie라는 이름은 오늘날에는 그리 잘 알려져 있지 않지만 살아 있을 때는 셰익스피어에 비교되곤 했다. 이 스코틀랜드 시인 겸 극작가는 어떤 인물이었을까?

시인 집안에서 태어난 어린 시인

베일리는 1762년 스코틀랜드 보스웰에서 태어났고 조상 중에 윌리엄 월리스 경Sir William Wallace도 있었으나 그녀는 스스로 자신의 이름을 알렸다. 베일리는 스코틀랜드 계몽운동에서 중요한 역할을 한 지적인 가문 출신으로 11세 때부터 시를 쓰기 시작했다. 어머니로부터 시를 멀리하라는 경고를 받았지만 영어와 스코틀랜드어로 희곡과 노래, 시를 계속 썼다. 유명한 의사요 해부학자였던 윌리엄 헌터William Hunter가 그녀의 삼촌이었다. 헌터가 죽자 그녀의 오빠가 그의 런던 저택을 물려받았고 1783년 베일리는 오빠 대신 그 집을 관리하기 위해 영국으로 이사를 갔다.

런던의 지식인으로 부상하다

베일리는 런던에서 윌리엄 워즈워스William Wordsworth, 바이런 경, 애너 리티셔 바볼드Anna Letitia Barbauld, 월터 스콧 경Sir Walter Scott 같은 당대 최고의 문인들과 어울려 지냈으며 그녀 생애에서 가장 야심찬 프로젝트 〈열정에 대한 희곡Plays on the Passions〉이란 제목의 3권짜리 희곡 모음집 작업에 착수한 것도 바로 그 무렵이었다. 1798년부터 1812년 사이에 출간된 이 일련의 작품은 사랑과 미움, 질투 같은 주제를 다루고 있다. 처음에 베일리는 자신의 신분을 밝히지 않았다. 당시에 여성은 무대 상연보다는 읽을거리로 희곡을 쓰는 경우가 더 흔했으나 베일리의 희곡은 애초부터 무대 상연을 위한 것이었다. 그녀는 평생 27개의 희곡 작품과 〈즉흥시Fugitive Verses〉 같은 시 모음집 그리고 여러 노래 가사(베토벤과 하이든이 이 노래 가사로 작곡도 했다)를 발표했다.

엘라 피츠제럴드는 어떤 유명한 팬 덕에 가수의 길을 걷게 됐을까?

엘라 피츠제럴드Ella Fitzgerald는 1934년 뉴욕 아폴로 극장에서 관객을 열광케 하면서 처음 결정적인 기회를 잡았다. 그 자리는 아마추어가 공연을 통해 관객에게 평가를 받는 자리였고, 그녀는 댄서로 그 자리에 설 예정이었다. 그러나 무대 뒤에서 경쟁이 너무 치열한 걸 본 그녀는 춤 대신 노래를 부르기로 마음을 바꿨다. 그리고 그게 전화위복이 되어 피츠제럴드는 상금 25달러를 거머쥐면서 슈퍼스타를 향한 첫걸음을 내딛게 된다. 그러나 전혀 믿기지 않는 이야기지만 피츠제럴드가 한 차원 더 높이 도약할 수 있었던 건 아주 유명한 여배우와의 우정 덕이었다.

가장 핫한 클럽의 무대

1941년 로스앤젤레스의 선셋스트립 거리에 문을 연 모캄보 나이트클럽은 1950년대를 풍미한 나이트클럽이다. 그야말로 최고 중에 최고인 가수만 무대에 오를 수 있고 당대의 가장 유명한 재즈 아티스트를 배출한 곳이기도 했다. 1943년 토미 도시 오케스트라를 떠난 프랭크 시나트라Frank Sinatra는 솔로 가수로 출발할 장소로 모캄보 나이트클럽을 선택했다. 아직 인종차별이 만연해 있던 시기에 모캄보 나이트클럽 소유주 찰리 모리슨Charlie Morrison은 가장 뛰어난 아프리카계 미국인 아티스트를 적극 후원해 어사 키트Eartha Kitt, 허브 제프리스Herb Jeffries, 조이스 브라이언트Joyce Bryant 등이 모두 이곳에서 노래를 했다. 그러나 전도유망한 뉴요커 엘라 피츠제럴드는 이곳 무대에 서는 데 어려움이 있었다. 흑인이어서가 아니라 외모가 그리 매력적이지 못했기 때문이다.

아름답고 인기 있는 셀럽 친구

1972년 피츠제럴드는 한 인터뷰에서 자신이 모캄보 나이트클럽 무대에 설 수 있었던 건

순전히 할리우드의 신성 마릴린 먼로Marilyn Monroe 덕이었다고 말했다. 먼로는 피츠제럴드의 열렬한 팬이었는데 그녀에게 피츠제럴드의 음악을 소개해준 사람은 보컬 코치였다. 두 여성은 피츠제럴드가 1954년 할리우드의 또 다른 재즈 명소 티파니 클럽에서 공연할 때도 함께 있었다. 당시 먼로는 모캄보 나이트클럽을 자주 찾았고, 피츠제럴드가 아직 그 무대에 서질 못했다는 얘기를 듣고는 직접 찰리 모리슨을 만나 피츠제럴드를 무대에 설 수 있게 해달라고 부탁했다. 그러면서 피츠제럴드가 무대에 서는 날 밤마다 자신이 나이트클럽 맨 앞줄에 앉아 있겠다고 약속했다. 먼로는 가는 데마다 사람을 불러 모았기 때문에 나이트클럽 소유주로선 거부하기 힘든 제안이었다. 덕분에 피츠제럴드는 1955년 3월에 10일간 모캄보 무대에 올라 노래를 불렀다.

모캄보 나이트클럽은 2년 후 문을 닫았지만 먼로는 이후에도 계속 피츠제럴드에게 도움을 주었다. "그녀의 도움 덕에 저는 이제 더 이상 작은 재즈 클럽에서 노래하지 않아도 됐어요." 이후 피츠제럴드의 인기는 하늘을 찌를 듯했고 1958년에는 그래미상을 수상한 최초의 아프리카계 미국인 여성이 되었다. 그리고 모캄보 나이트클럽 무대에 선 지 10년 만에 거의 250곡의 노래가 담긴 19권의 노래책을 녹음했다. 피츠제럴드는 역사상 가장 많은 음반을 판 재즈 가수 중 한 사람으로 남아 있다.

먼로와 음악

영화 〈신사는 금발을 좋아한다Gentlemen Prefer Blondes〉를 촬영할 때 먼로의 보컬 코치는 이런 말을 했다. "마릴린은 음정에 맞춰 노래하는 데 어려움이 있지만 그 외에는 뭐든 기막혔어요." 1962년, 그녀가 세상을 떠나기 몇 개월 전 뉴욕시 매디슨스퀘어가든에서 존 F. 케네디 대통령을 위해 〈Happy Birthday〉를 불렀을 때는 먼로의 생애에서 가장 유명한 순간 중 하나였다. 그 이벤트는 민주당 선거 자금 마련을 위한 대형 이벤트였는데 사람들의 관심은 온통 먼로에게 몰렸다. 그 날 그녀가 입어 그녀의 상징처럼 되어버린 반짝이 달린 '해피버스데이 드레스'는 2016년 경매에 붙여져 480만 달러에 팔렸다.

비틀스는 정말 존 레넌의 아내 요코 오노 때문에 해체됐을까?

2012년 폴 매카트니 경Sir Paul McCartney은 TV 프로그램 진행자 데이비드 프로스트David Frost와 심도 있는 인터뷰를 했다. 비틀스Beatles가 공식 해체된 지 42년이나 지난 때였지만 그는 그 당시의 과정을 또렷이 기억했고 이렇게 단언했다. "분명 그녀 때문에 그룹이 해체된 건 아닙니다." 존 레넌John Lennon의 아내 요코 오노Yoko Ono 얘기였다.

총격을 부른 인터뷰

수십 년간 비틀스의 열혈 팬들은 비틀스가 해체된 건 일본인 아티스트 겸 뮤지션 오노 때문이라고 믿었지만 매카트니는 사실 그건 매니저 브라이언 엡스타인Brian Epstein이 죽고 앨런 클라인Allen Klein으로 바뀐 것과 더 관련이 있다고 말했다. 클라인이 매카트니와 나머지 멤버 간에 불화를 조장해 서로 싸우게 만들었고 그 바람에 결국 그룹이 해체됐다는 것이다. 리버풀 출신의 매카트니는 오히려 〈Imagine〉 같은 레넌의 최대 히트곡은 오노 때문에 생겨난 거라고 말했다. "요코 없이는 아마 그런 곡을 만들지 못했을 거예요. 난 그녀를 탓할 건 아무것도 없다고 생각해요."

그러나 일부 사람들의 생각은 달랐다. 그들은 레넌이 부지불식간에 그룹으로부터 멀어지게 만든 '일본 마녀'라며 오노를 비난했다. 그녀의 재능은 무시당하거나 심한 경우 조롱까지 당했다. 오노는 심지어 1980년 레넌이 함께 묵고 있던 뉴욕 집 밖에서 총격을 당해 죽은 뒤에도 공개적인 인종차별과 여성 혐오를 떨쳐버릴 수 없었다. 레넌이 나서서 자신이 오노에 대해 얼마나 극진한지 또 그녀와의 만남이 어떻게 자신도 모르는 새에 다른 멤버로부터 한 발 멀어지게 만들었는지 분명히 밝혔지만 상황은 나아지지 않았다. "그녀를 만난 순간 옛 친구들과는 끝났습니다." 레넌이 총격을 당하기 이틀 전 〈플레이보이〉지와의 인터뷰에서 한 말이다. "그땐 인식하지 못했는데, 모든 게 그렇게 됐더라고요. 그녀를 만나자마자 남자들과의 관계는 끝난 거죠."

예술가로서의 오노 요코

도쿄의 부유하고 보수적인 부모 밑에서 자란 오노는 음악과 미술에서 위안을 찾았다. 가족이 뉴욕으로 이주한 뒤, 그녀는 그곳의 한 문과대학에 들어갔고 1950년대의 급진적인 정치사상에 심취했다. 또한 전위적인 작곡가 존 케이지John Cage나 도시 이치야나기(훗날 그녀의 첫 남편이 된다) 등과도 교분을 쌓았다. 오노는 맨해튼에서 아티스트로서의 경력을 쌓아 갔다. 그녀는 플럭서스Fluxus(전위예술운동) 아트 그룹의 일원이었으며 자신의 시내 고미다락 공간에서 댄스와 연극, 음악, 시각 미술이 합쳐진 실험적 퍼포먼스인 1960년대의 '해프닝happening'을 큐레이트해 '해프닝의 여제사장High Priestess'이라는 별명을 얻기도 했다. 오노는 예술영화도 만들었고 1964년에는 퍼포먼스 시를 모은 책 『그레이프프루트Grapefruit』도 출간했다. 오노의 가장 유명한 퍼포먼스 중 하나는 1966년에 행한 〈자르기〉로 그녀가 극장 안에 앉아 관객들을 초대해 자기 옷을 가위로 자르게 하는 퍼포먼스였다.

레넌과 함께 침대에서

오노가 존 레넌을 처음 만난 것은 그녀가 런던 인디카 갤러리에서 단독 공연을 할 때였다. 이후 두 사람은 공동으로 많은 퍼포먼스를 행했는데 그 중 가장 유명한 것이 1969년에 두 차례 행한 '침대 시위Bed-ins'였다. 기자들을 암스테르담과 몬트리올의 호텔 스위트룸으로 불러들여 두 사람의 결혼을 둘러싼 사람들의 높은 관심을 이용해 베트남전쟁에 반대하는 평화 시위를 벌인 것이다.

'유럽의 피아노 여왕'은 무엇 때문에 아버지의 뜻을 거슬렀을까?

클라라 슈만Clara Schumann의 아버지는 딸을 그녀의 뜻과는 무관하게 자신이 이루지 못한 꿈을 이루게 만들었다. 가장 뛰어난 역량을 가진 피아니스트로 키운 것이다. 그러나 사랑 문제에 관한 한 그는 무력하게 딸의 뜻을 따를 수밖에 없었다.

참 대단한 아버지와 딸

1819년에 태어난 그녀의 본명은 클라라 비크Clara Wieck였고, 그녀의 아버지 프리드리히 비크Friedrich Wieck는 발이 넓은 피아노 교사로 5세 때부터 그녀에게 개인 교습을 시켰다. 비크는 딸에게 정식으로 이론과 작곡을 가르쳤다. 그래서 클라라는 겨우 9세 때 자신의 고향인 라이프치히의 한 고급 여성복 부티크에서 생애 첫 공연을 가졌다. 2년 후인 1830년에는 정식 연주회를 가졌다. 1830년대에 비크는 클라라를 데리고 유럽 전역을 돌았고 그녀의 재능과 명성 또한 점점 높아졌다. 클라라는 그 당시 피아니스트의 꿈의 무대였던 파리에서 연주를 했고 펠릭스 멘델스존과 프레데리크 쇼팽 같은 음악가를 만났다. 그리고 곧 남자 음악가와 대등한 위치에 올라 '유럽의 피아노

여왕'으로 불리게 된다. 1838년에는 19세 나이에 오스트리아 왕실로부터 인정을 받아 음악가가 선망하는 '비엔나 음악 친구들 협회'의 회원이 된다. 후에 클라라는 다작의 작곡가 겸 존경 받는 피아노 교사가 된다.

그 무엇도 막을 수 없었던 사랑

클라라는 모든 면에서 자기 아버지가 바라는 것 이상을 성취했지만 한 가지 아주 중요한 일로 아버지를 실망시켰다. 10대가 된 그녀는 한 지붕 밑에 살며 비크 밑에서 공부를 한 동료 작곡가 겸 피아니스트 로베르트 슈만과 사랑에 빠진다. 그 당시에 슈만은 아직 성공을 거두지 못해 무일푼 상태였고, 비크의 눈에는

딸의 만족스런 상대가 못 됐다. 두 사람이 뜨거운 사이인 걸 알게 된 그는 둘이 만나는 걸 금지시켰고 딸에겐 피아니스트 생활을 끝낼 수도 있다며 또 슈만에겐 그러다 죽을 수도 있다며 협박까지 했다.

한동안 떨어져 있었지만 두 사람의 사랑은 여전했고, 클라라가 18세가 되자 슈만은 비크에게 딸과의 결혼을 허락해달라고 간구했다. 그러나 비크가 거절하면서 격동의 3년이 이어진다. 모든 소동은 1840년, 두 사람이 비크의 허락 없이 결혼할 권리를 얻기 위해 법적 소송까지 제기하면서 끝난다. 법정에서 인정을 받아 자유롭게 결혼할 수 있게 된 것이다. 두 사람은 결혼해 자식을 8명이나 낳았고, 슈만은 오랜 병고 끝에 정신병원에 입원한 뒤 1856년에 세상을 떠났다.

유럽 연주계의 흐름을 바꾸다

남편을 위해 자신의 경력은 희생해야 했지만 클라라의 작곡 및 피아노 연주 실력은 아주 높이 평가됐다. 그녀는 그 당시 악보를 안 보고 외워서 피아노 연주를 하는 몇 안 되는 음악가 중 한 사람이었다. 원래 악보를 안 보고 연주하는 건 오만한 걸로 간주됐으나 클라라가 그 흐름을 바꿔 19세기 후반으로 가면 점점 더 많은 피아노 교사가 학생들에게 악보를 외워서 연주할 것을 권했다. 클라라는 또 당대 유럽의 전설적인 고전음악 대가들과도 친분을 맺어 폴린 비아르도Pauline Viardot, 제니 린드Jenny Lind, 요제프 요아힘Joseph Joachim, 요하네스 브람스 등과 친하게 지냈다. 슈만의 제자였던 브람스의 경우, 남편이 죽은 뒤 연인 관계였다는 소문까지 있었다.

어떻게 한 수련수녀가 서커스 문화를 바꾸었을까?

캐나다 퀘벡에서 태어난 앙투아네트 코모Antoinette Comeau가 1928년 서커스단에 들어갔을 때 그녀의 신분은 수련수녀였다. 앙투아네트는 공중그네 곡예 훈련을 받다가 미래의 남편을 만났고 중력을 거스르는 '하늘을 나는 콘첼로 부부'가 탄생된다.

수녀원에서 공중그네 곡예 팀으로

앙투아네트는 공중그네 곡예 아티스트 자매인 믹키Mickey를 찾아갔다가 서커스의 매력에 푹 빠졌다. 앙투아네트가 한 첫 번째 공중 곡예는 치아만으로 가죽 끈을 물고 공중에 매달리는 곡예로, 일명 '무쇠 턱Iron Jaw'이었다. 믹키가 동계 훈련을 받기 위해 미국 일리노이주 블루밍턴으로 여행할 때 앙투아네트도 따라갔다. 에디 워드Eddie Ward 훈련 캠프에서 그녀는 아서 콘첼로Arthur Concello를 만나 사랑에 빠져 다시는 수녀원으로 돌아가지 않았다. 에디가 죽자 콘첼로는 그 훈련 캠프를 인수하여 앙투아네트와 함께 훈련을 시작한다. 그리고 오래지 않아 두 사람은 '하늘을 나는 콘첼로 부부' 공중그네 곡예 팀을 결성한다. 1932년에 이르러 두 사람은 링글링 브라더스와 바넘 앤 베일리 서커스단의 '지상 최대의 쇼The Greatest Show on Earth'에 합류한다. 그리고 세계 최대 규모의 이 순회 서커스단과 함께 두 사람은 런던과 베를린은 물론 그 유명한 파리의 서크 디베르까지 가게 된다.

역사적인 3회 공중회전 곡예

위험한 3회 공중회전은 멕시코 곡예사 알프레도 코도나Alfredo Codona가 개발한 곡예인데 1933년 그가 은퇴하자 아서 콘첼로가 그 배턴

을 이어받아 활용했다. 1937년 매디슨스퀘어 가든에서 아서와 앙투아네트는 함께 공중에서 역사적인 3회전 공중회전 곡예를 펼쳐 보여 관중들에게 충격을 안겨주었다. 앙투아네트는 이 위험한 곡예를 펼친 최초의 여성 중 한 사람이 되었고 '모든 시대를 통틀어 가장 위대한 여성 공중 곡예사'로 이름을 알리게 된다.

은퇴했지만 은퇴할 수 없는

1952년 영화계의 거물 세실 B. 드밀Cecil B. DeMille은 찰턴 헤스턴Charlton Heston과 베티 허튼Betty Hutton과 코넬 와일드Cornel Wilde 등 톱스타가 출연하는 삼각관계를 다룬 영화 〈지상 최대의 쇼〉에서 서커스를 그대로 재연하기로 마음먹는다. 그래서 이 영화에는 '하늘을 나는 콘첼로 부부'를 비롯한 실제 서커스 단원이 등장하는데 앙투아네트가 할 일은 맡은 역을 소화할 수 있게 베티 허튼을 교육시키는 것이었다. 서커스를 하느라 문제가 생긴 어깨를 고치려 여러 차례 수술을 받았지만 앙투아네트는 1953년 결국 더 이상 서커스를 할 수 없게 됐다. 부부 관계에도 문제가 생겨 1956년 이혼을 했다. 결혼이 끝나자 앙투아네트의 서커스 경력도 끝났다. 그러나 아직은 은퇴할 때가 아니었다. 링글링 브라더스와 바넘 앤 베일리 서커스단 단장인 존 링글링 노스John Ringling North가 자기 서커스단의 공중 곡예 감독을 맡아 달라고 부탁했고 그녀는 이후 30년간 그 일을 했다. 앙투아네트는 1962년 서커스 명예의 전당에 이름을 올렸다.

3회전 공중회전의 매력

3회전 공중회전은 한때 공중 곡예 중에서도 전설적인 곡예로 여겨졌다. 이탈리아 공중 곡예사는 이 곡예를 '솔토 모르탈레(치명적인 도약)'라 불렀다. 그만큼 위험하다는 얘기다. 이 곡예는 워낙 빠른 회전을 요구하는데다 뇌도 같이 돌기 때문에 곡예사가 자신을 잡아줄 사람에게 도착할 시간을 판단하기가 아주 어렵다. 잘못해서 놓칠 경우, 설사 밑에 깔아 놓은 그물로 떨어진다 해도 더 이상 서커스를 할 수 없을 만큼 큰 부상을 입을 가능성이 높다. 처음 이 3회전 공중회전에 성공한 사람은 러시아 체조 선수 출신의 곡예사 레나 조르단Lena Jordan이다. 그녀는 그것을 1897년 호주에서 성공했는데, 그때 그녀 나이는 17세(18세라는 기록도 있다)였다. 조르단은 후에 바넘 앤 베일리 서커스단에 들어가 3회전 공중회전을 거의 30차례나 선보였다.

런던 연극 무대에 처음으로 오른 여배우는 누구일까?

1660년까지만 해도 영국 극장에서 여성 역할은 성인 남성이나 10대 소년이 대신했다. 그러다 찰스 2세가 왕정 복구를 하면서 여성은 처음으로 런던의 연극 무대에 서게 된다.

여배우에게 무대를 허락한 왕

17세기 초부터 귀족 여성이 비공식적으로는 연극 연기를 했지만 공개적으로 연기하는 경우는 없었다. 청교도 신앙이 지배하던 크롬웰의 영국에서는 1647년 모든 극장이 문을 닫아야 했다. 그러다 찰스 2세가 왕위에 복귀하면서 두 극단이 공연 허가를 받는다. 1662년 왕은 '허가를 받은 두 극단이 무대에 올리는 연극에선 모든 여성 역할을 여성이 맡을 수 있다'고 선포한다. 그런데 일부 여배우는 이미 무대에 올랐었다. 1660년 토마스 킬그루Thomas Killigrew의 극단이 비어 스트리트 극장에서 셰익스피어의 〈오셀로〉를 무대에 올렸는데 데스데모나 역을 여성이 맡은 것이다. 그 연극에는 앞으로 일어날 일을 관객에게 알리는 서막도 있었다.

역사학자들은 존재만으로도 관객에게 큰 충격이었을 그 여배우는 퀸 부인Mrs. Quin이라고도 불린 앤 마샬Anne Marshall이었을 거라고 말한다. 마샬과 그녀의 여동생은 그 당시 유명인이었다. 지나치게 많은 관심을 끌었던(일부 남자 관객은 별도의 돈을 내고 여배우들이 분장실에서 옷 갈아입는 걸 훔쳐보기도 했다) 초창기의 다른 여배우로는 시어터로열 극단에 속해 있던 마거릿 휴즈Margaret Hughes, 앤 스트리트 배리Ann Street

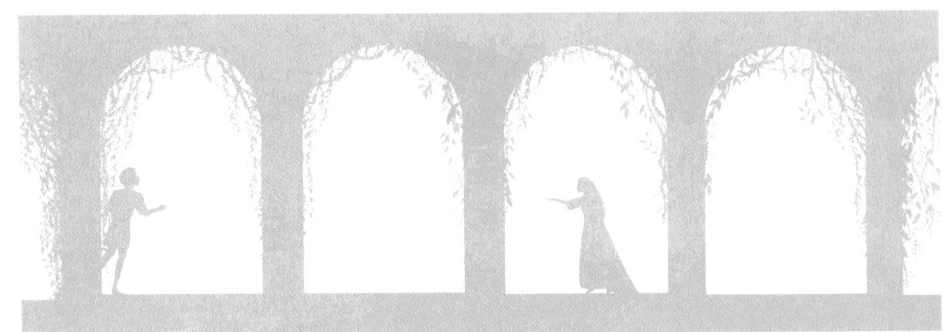

Barry 그리고 맥베스 부인과 〈로미오와 줄리엣〉의 줄리엣 역을 동시에 맡은 최초의 여성 메리 손더슨Mary Saunderson 등을 꼽을 수 있다.

여배우에서 왕의 정부로

초창기 여배우는 출신 배경이 다 달랐지만 누가 됐든 최소한 글을 읽고 대사를 외우고 노래하고 춤추는 능력은 필수였다. 그중에서도 넬 귄Nell Gwyn은 뛰어난 연기 능력 덕에 신분 상승을 이룬 여성이었다. 영화에나 나올 법한 인생 역전 이야기지만 그녀는 극빈자에 매음굴 출신으로 드루리 레인 극장에서 관객들에게 오렌지를 팔다가 극장의 주연 남자 배우의 눈에 띄었다. 넬 귄은 글을 읽을 줄도 몰랐지만 1665년 처음 무대에 올랐다. 이후 몇 년간 그녀는 킹즈 극단 소속 여배우로 많은 관객을 끌어들였다. 그러다가 찰스 2세의 관심을 끌게 된다. 1669년부터 넬 귄은 왕의 여러 정부 중 한 명이었는데 대중이 좋아한 유일한 정부였던 것으로 알려져 있다. 넬 귄은 왕의 후궁이 되면서 연기를 그만두었는데 찰스 2세와의 사이에 두 아들을 낳았다. 그중 하나는 훗날 성 앨반스 공이 된다.

성적으로 문란한 여성들

여배우는 그 시대의 유명인이었는지 몰라도 18세기 중반까지만 해도 여배우 하면 각종 추문이나 매춘과 연결되는 경우가 많았다. 중요한 극장이 매음굴이 모여 있던 코벤트가든에 위치해 있는 것도 문제였다. 실제 여성 배우가 늘어 갔지만 소수의 남성 배우는 여전히 여성 연기를 했다. 그러나 무대에서 이성 복장을 하고 연기를 한 건 그들뿐이 아니었다. 도로시 조던Dorothea Jordan과 페그 워핑턴Peg Woffington 같은 여성은 남장을 한 채 남성 연기를 했다. 이런 코미디 연기는 대개 호평을 받았지만 여성의 예법과 관련해 많은 논란을 낳기도 했다.

안나 파블로바는 눈을 감는 순간 어떤 부탁을 했을까?

러시아 발레의 전설, 안나 파블로바Anna Pavlova는 헤이그 투어 중이던 1931년 50번째 생일을 앞두고 폐렴으로 쓰러졌다. 치료를 받으면 목숨을 구할 수 있었지만 그녀는 더 이상 춤을 출 수 없게 될 거라는 사실을 알고는 치료를 거부하고 죽음을 맞이한다.

뼛속까지 발레리나

"춤을 출 수 없다면 차라리 죽게 내버려두세요." 파블로바는 의사에게 이렇게 말했다고 한다. 〈뉴욕 타임스〉에 실린 그녀의 사망 기사에 따르면 의사들이 그녀의 폐에서 물을 빼내는 수술을 하고 '파스퇴르 백신' 처치를 했지만 모든 게 너무 늦었다고 한다. 파블로바가 데스 인데스 헤이그 호텔에서 숨을 거둘 때 그녀의 남편이자 반주자였던 빅토르 앙드레Victor d'Andre가 임종을 지켰지만 마지막 유언은 자신의 의상 담당자에게 남겼다고 한다. 숨을 거두기 직전 파블로바는 이렇게 말했다. "내 백조 의상 좀 준비해줘요."

노력으로 일군 발레 인생

발레와 관련된 사람이 아니라면 오늘날 파블로바 하면 무용수 파블로바보다 머랭 디저트인 파블로바(이 음식도 그녀의 이름에서 따온 것이다)를 떠올릴 것이다. 파블로바는 현재 20세기의 가장 영향력 있는 무용수 중 한 사람으로 꼽히며 전 세계 투어를 한 최초의 발레리나로 55만 킬로미터 이상을 돌아다니며 뛰어난 재능으로 관객들의 탄성을 자아냈다.

파블로바의 발레 인생은 어머니가 그녀를 상트페테르부르크의 임페리얼 마린스키 극장에

데려가 발레 〈잠자는 숲속의 미녀〉를 보여주면서 시작됐다. 그로부터 몇 년 후 파블로바는 바로 그 극장에서 정식 데뷔를 한다. 그러나 그녀가 정상에 오르는 길은 순탄치 않다. 발목이 가늘고 팔다리가 길며 발바닥이 움푹 파여 발레에 적합지 않은 체형이었고 처음엔 러시아 임페리얼 발레학교 입학을 거절당하기도 했다. 마침내 통과되고 나서도 과외수업을 받고 꾸준히 기량을 높이는 등 스스로 자신의 존재 가치를 입증해 보여야 했다.

팬클럽의 힘으로 더 높이 도약하다

남모르는 데서 많은 땀과 눈물을 흘리기도 했지만 정작 발레학교를 졸업한 뒤 파블로바가 높은 곳으로 도약하는 데 힘을 보태준 것은 그녀의 무용 기량보다 관객들의 성원이었다. 파블로바는 유명한 발레 마스터 겸 주요 안무가 마리우스 페티파Marius Petipa의 엄격한 가르침을 무시했지만 발레에 대한 그녀의 에너지와 열정은 전염성이 있어 많은 팬이 자신들을 '파블로바치'라 부르며 그녀를 따랐다. 파블로바는 곧 마리우스 페티파의 벽을 넘어서며 〈파키타〉와 〈지젤〉을 비롯해 당대의 가장 유명한 발레 작품 주인공을 맡았고 1906년 25세 때 프리마발레리나 자리에 올랐다.

빈사의 백조

파블로바는 특히 〈빈사의 백조The Dying Swan〉 연기로 유명했다. 이 솔로 발레는 미하일 포킨Mikhail Fokine이 순전히 그녀를 위해 안무한 것이다. 카미유 생상스의 〈동물의 사육제〉 중 〈백조Le Cygne〉가 배경음악으로 쓰인 이 발레는 1905년 초연됐다. 파블로바는 4분짜리 이 발레를 평생 4,000회 정도 공연한 걸로 알려져 있다. 1910년 미국 투어를 성공리에 마친 그녀는 러시아 황제 니콜라스 2세가 있던 귀빈석으로 초빙되었는데 그때 황제는 축하 말과 함께 이런 말을 했다고 한다. "그대의 경이로운 백조 무용에 대해 정말 많은 얘기를 들었는데, 한 번도 본 적이 없어 얼마나 아쉬웠는지 모르오." 1912년 런던에 정착했을 때 파블로바는 자기 정원 안의 작은 호수에 백조를 풀어놓고 백조의 움직임을 관찰했을 만큼 열심이었다고 한다.

최초의 여성 영화감독은 누구일까?

1895년 발명가 형제 오귀스트 뤼미에르Auguste Lumière와 루이 뤼미에르Louis Lumière가 파리에서 자신들의 영화필름을 처음 실연해 보이던 날, 비서 알리스 기 블라쉐Alice Guy-Blaché는 사람들 사이에 앉아 있었다. 그녀는 훗날 필름을 이용해 이야기를 전하는 사람이 된다.

이야기를 필름에 담다

기 블라쉐는 발명가 레옹 고몽Léon Gaumont 사진 회사에서 일했는데 어느 날 고몽에게 카메라를 사용할 수 있게 해달라고 청했다. 주로 움직이는 열차나 군중을 찍던 당시의 다큐멘터리 영상과 달리, 그녀는 촬영 장비를 이용해 이야기를 담은 영상을 만들고 싶었다. 기 블라쉐의 첫 영화 〈양배추 요정The Cabbage Fairy〉에서는 요정처럼 차려 입은 한 여성이 양배추 밭에서 아기를 찾아내는 이야기를 담고 있다. 기 블라쉐는 곧 고몽 영화사의 책임자가 되어 특수효과와 노출 기법 등을 실험한다. 그 시절 가장 큰 성공을 거둔 기 블라쉐의 영화는 1906년에 나온 〈예수의 삶The Life of Christ〉이다. 30분짜리 이 영화에는 300명 이상의 엑스트라가 등장하며 25개의 세트가 사용되었다.

영화계 최초의 페미니즘 운동가

1907년 그녀는 카메라맨 허버트 블라쉐Herbert Blaché와 결혼했다. 두 사람은 미국으로 넘어가 뉴욕 퀸즈에 솔랙스라는 프로덕션 하우스를 설립했으며 최첨단 영화 촬영소도 세웠다. 1896년부터 1920년 사이에 기 블라쉐는 직접 각본에서부터 감독, 제작까지 맡아 약 600편의 무성영화와 150편의 동시녹음 유성영화를 만들었다. 한 주에 영화 3편을 감독한 적도 있었다고 한다. 남성이 지배하던 영화계에서 그녀는 영화를 통해 영웅적인 여성, 성별이 바뀐 익살스런 행동, 결혼에서의 남녀평등을 보여주었다. 기 블라쉐는 이혼 후 1922년 미국과 영화제작 업계를 떠나 아이들을 데리고 프랑스로 돌아갔다. 그곳에서 영화에 대한 강의도 하고 다양한 글도 썼지만 두 번 다시 영화를 찍지는 않았다.

쇼 비즈니스

SHOW BUSINESS

흔히 세상에 쇼 비즈니스 같은 비즈니스는 없다고 한다. 자, 이제 쇼 비즈니스와 관련된 다음 질문에 답해 보라. 조명, 카메라, 액션!

Questions

1. 에디트 피아프는 독일군 앞에서 노래를 해달라는 요청을 받았을 때 무얼 고집했나?
2. 요코 오노와 존 레넌의 '침대 시위'가 열린 두 도시는 어디인가?
3. 〈빈사의 백조〉는 어떤 무용수를 위해 만들어진 안무인가?
4. 조안나 베일리의 유명한 희곡 모음집 제목은 무엇인가?
5. 미국의 영화제작 규정은 어떤 이름으로 더 잘 알려져 있는가?
6. 앙투아네트 코모는 서커스단에 들어가기 전에 무엇을 했는가?
7. 마릴린 먼로는 1962년 누구를 위해 〈Happy Birthday〉를 불렀는가?
8. 1906년도 영화 〈예수의 삶〉을 만든 감독은 누구인가?
9. 1660년 비어 스트리트 극장에 올린 연극 〈오셀로〉가 특별했던 점은 무엇인가?
10. 클라라 슈만은 남편이 죽은 뒤 어떤 유명한 작곡가와 연인 관계가 됐다는 소문에 휩싸였는가?

Answers

정답은 214페이지에서 확인하세요.

Speed Quiz Answers

선구자들(27페이지)

1. 전 세계 자전거 여행을 위한 자금 마련을 위해 인지도를 높이려고
2. 차이카(갈매기)
3. 마리아 텔케스
4. 실크와 실로 밀짚을 짜 모자를 만들 수 있다
5. 에이다 러브레이스
6. 옷을 따로따로 팔았다
7. 비밀통신 시스템
8. 지주 게임
9. 엘리자베스 비스랜드
10. 자동차 덮개

사상가들(47페이지)

1. 1955년
2. 뉴캐슬의 공작 부인 마거릿 캐번디시
3. 리제 마이트너
4. 마리 퀴리의 조국 폴란드
5. 베네딕트회 수녀가 되는 것
6. 페니 블랙

7. 신플라톤주의 철학 학파
8. 관측소 소장이 지질 연구 여행에 여성이 따라가면 부정 탄다고 생각해서
9. 애니 점프 캐넌
10. 알베르트 아인슈타인

종교와 문화(67페이지)

1. 로레토수녀회
2. '쿰브 비바하' 즉 '항아리 결혼'의 관행을 부추겨서
3. 12가지
4. 가톨릭
5. 젊은 시절에 가톨릭 사제가 되기 위해 훈련을 받았다
6. 남성 파트너
7. 한 돌팔이 의사가 감기를 치료한다며 어릴 때 그녀의 눈에 겨자를 발라서
8. 앤 리
9. 2차 대각성 운동
10. 당신을 사랑합니다

Speed Quiz Answers

정치(87페이지)

1. 민주적으로 선출된 여성 대통령

2. 화학

3. 기독교여성금주동맹

4. 마라의 암살자인 샤를로트 코르데

5. 부에노스아이레스

6. 페기 이튼의 집 방문

7. 표를 대가로 한 키스

8. 라파엘 트루히요

9. 독일소녀연맹

10. 바나르 세나(원숭이 여단)

페미니즘(107페이지)

1. 매니토바 주지사 로드먼드 로블린 경

2. 1893년

3. 바비 릭스가 여성 테니스 챔피언 마거릿 코트를 이긴 사건

4. 사비트리바이 풀레

5. 오하이오주

6. 급진적인 뉴욕 여성 New York Radical Women

7. 앤머

8. 참고 책자 또는 통행 허가증

9. 시몬 드 보부아르

10. 노먼 록웰

리더들(129페이지)

1. 자녀들이 미얀마 국적이 아니어서 대통령 출마를 할 수 없었다

2. 지팡이

3. 34년

4. 가짜 금속 턱수염

5. 예카테리나 대제

6. 식초에 담근 진주 귀걸이

7. 정치 선전용 타블로이드 신문

8. 엘레노어가 아들을 낳지 못한 것

9. 황금 의자

10. 백연

전사와 슈퍼우먼(149페이지)

1. 살인 타선
2. 카물로두눔(현재의 콜체스터)
3. 영국 특수작전부대(SOE)
4. 소련 시민으로선 최초의 백악관 방문이었다
5. 샐리 라이드(1983년에)
6. 고양이
7. 100필
8. 허드슨강과 할렘강
9. 머스코지 크리크족
10. 카이켄

죄와 벌(167페이지)

1. 볼티모어
2. 스칸디나비아
3. 맥각이라 불리는 곰팡이에 오염된 호밀이나 밀을 먹었기 때문
4. 조지아 앤 로빈슨
5. 산파
6. 가난한 여성들, 특히 미혼모들이 '아기 농사꾼'에게 돈을 주고 자기 아이를 팔아넘기던

관행

7. 버펄로 빌

8. 경찰서 수간호사

9. 농노

10. 도끼

미술과 문학(187페이지)

1. 실제 있었던 일을 사실대로 말하는지를 알아보려고

2. DDT

3. 네덜란드 망명 정부의 라디오 방송에서 고통 받는 점령지 주민들의 삶을 증언해 달라는 얘기를 듣고 후에 자신의 일기를 출간할 것에 대비해

4. 멕시코혁명이 시작된 1910년

5. 이미 죽은 클레오파트라의 모습을 묘사했다

6. 겐지 이야기

7. 직물 짜기

8. 톰

9. 약 2,500킬로미터

10. 퓰리처상

쇼 비즈니스(207페이지)

1. 프랑스군 포로도 함께 자신의 공연을 보게 해달라고
2. 암스테르담과 몬트리올
3. 안나 파블로바
4. 열정에 대한 희곡
5. 헤이스 코드
6. 수련수녀였다
7. 존 F. 케네디 미국 대통령
8. 알리스 기 블라쉐
9. 여성이 데스데모나 역을 맡아 최초로 런던 연극 무대에 올랐다
10. 요하네스 브람스

있어빌리티
교양수업 ___ 역사 속 위대한 여성

초판 1쇄 발행 2020년 6월 12일
지은이 사라 허먼 옮긴이 엄성수 펴낸이 김영범

펴낸곳 (주)북새통 · 토트출판사
주소 서울시 마포구 월드컵로36길 18 삼라마이다스 902호 (우)03938
대표전화 02-338-0117 팩스 02-338-7160
출판등록 2009년 3월 19일 제 315-2009-000018호 이메일 thothbook@naver.com

ISBN 979-11-87444-52-7 04400
ISBN 979-11-87444-49-7 (세트)